神奇的海洋水产品系列丛书

神奇的 牡蛎

曹荣 吴彪 赵元晖 ◎主编

中国农业出版社
北 京

图书在版编目（CIP）数据

神奇的牡蛎 / 曹荣，吴彪，赵元晖主编. -- 北京 ：
中国农业出版社，2024. 10. -- ISBN 978-7-109-32251-6

Ⅰ. S968.31

中国国家版本馆 CIP 数据核字第 2024M46E32 号

神奇的牡蛎
SHENQI DE MULI

中国农业出版社出版

地址：北京市朝阳区麦子店街18号楼

邮编：100125

策划编辑：杨晓改

责任编辑：杨晓改　　文字编辑：代国庆

版式设计：艺天传媒　　责任校对：张雯婷

印刷：北京中科印刷有限公司

版次：2024年10月第1版

印次：2024年10月北京第1次印刷

发行：新华书店北京发行所

开本：700mm×1000mm　1/16

印张：12

字数：190千字

定价：68.00元

▶ 丛书编委会

主　编：刘　淇　毛相朝　王联珠

副主编：曹　荣　江艳华　郭莹莹　孙建安
　　　　赵　玲　王黎明　王　欢

编　委（按姓氏笔画排序）：
　　　　王　颖　王宇夫　朱文嘉　刘小芳
　　　　孙慧慧　李　亚　李　娜　李　强
　　　　李志江　邹安革　孟凡勇　姚　琳
　　　　梁尚磊　廖梅杰

▶ 本书编写人员

主　　编：曹　荣　吴　彪　赵元晖

副 主 编：杨　敏　王　赛　刘　淇

编写人员（按姓氏笔画排序）：

于　涛　马培振　王　赛　王文静

王茂盛　王明丽　刘　淇　刘　鑫

刘志鸿　孙慧慧　李　亚　杨　敏

吴　彪　孟令鹏　赵　玲　赵元晖

赵玉然　曹　伟　曹　荣　崔保金

▶ 序

　　海洋是人类赖以生存的"蓝色粮仓"，我国自20世纪50年代后期开始关注水产养殖发展，经过几十年的沉淀，终于在改革开放中使得海洋水产品的生产获得了跨越式的发展。水产养殖业为国民提供了1/3的优质动物蛋白，不仅颠覆了传统的、以捕捞为主的渔业发展模式，带动了世界渔业的发展和增长，也为快速解决我国城乡居民"吃鱼难"、保障供给和粮食安全、提高国民健康水平作出了突出贡献。

　　海洋水产品不仅营养丰富，还含有多种生物活性物质，对人体健康大有裨益，是药食同源的典范。在中华民族传统医学理论中，海洋水产品大多具有保健功效，能益气养血、增强体质。随着科学技术的发展，科技工作者对海洋水产品中各种成分，尤其是生物活性成分，进行了广泛且深入的研究，不仅验证了中医临床经验所归纳的海洋水产品的医疗保健功效，还从中发现了许多新的活性成分。

　　近年，为落实中央双循环发展战略，推动国内市场水产品流通，促进内陆居民消费海洋水产品，农业农村部渔业渔政管理局印发了《关于开展海水产品进内陆系列活动的通知》。通过海洋水产品进内陆系列活动，鼓励大家多吃水产品、活跃内陆消费市场、丰富群众菜篮子、改善膳食营养结构、提高内陆居民健康水平。

为了帮助读者更多地了解海洋水产品，中国水产科学研究院黄海水产研究所、中国海洋大学等单位的多位专家和科普工作者共同编写了"神奇的海洋水产品系列丛书"，涵盖鱼、虾、贝、藻、参等多类海洋水产品。该丛书从海洋水产品的起源与食用历史、生物学特征、养殖或捕捞模式、加工工艺、营养与功效、产品与质量、常见的食用方法等方面，介绍了海洋水产品的神奇之处。

该丛书以问答的形式解答了消费者关心的问题，图文并茂、通俗易懂，还嵌套了多个二维码视频，生动又富有趣味。该丛书对普及海洋水产品科学知识、提高消费者对海洋水产品生产全过程及营养功效的认识、引导消费者树立科学的海洋水产品饮食消费观念、做好海洋水产品消费促进工作具有重要意义。另外，该丛书对从事渔业资源开发与利用的科技工作者也具有一定的参考价值。

中国工程院院士 唐启升

2022 年 1 月

▶ 前　言

随着人们生活水平的提高和健康意识的增强，消费者对饮食质量有了更高的追求，水产品在百姓餐桌上频频出现，多吃水产品成为人们日常养生保健的一种潮流。

牡蛎又称海蛎子、蚝，在全球分布广泛，是当今世界上养殖规模和产量最大的贝类。牡蛎不仅营养丰富、肉味鲜美，而且具有很好的保健功效和药用价值，是一种营养价值和经济价值都非常高的海珍品。牡蛎在我国有悠久的食用历史，中医典籍记载牡蛎有治虚弱、解丹毒、降血压、滋阴壮阳等多种功效，是药食同源的典范。

本书共分为6章，分别是牡蛎起源与食用历史，牡蛎生物学特征与生活习性，牡蛎营养、功效与风味，牡蛎育苗与养殖，牡蛎保鲜与加工，牡蛎食谱。考虑到全书的系统性、科学性，本书还引用了国内外诸多同行的研究成果。编写本书的初衷是向广大读者普及牡蛎相关的科学知识，希望对消费者认识和食用牡蛎起到一定的指导作用。

海盛和蓝色海洋科技（青岛）有限公司、蓬莱汇洋食品有限公司、蓝鲲海洋生物科技（烟台）有限公司、长青（中国）日用品有限公司、山东灯塔水母海洋科技有限公司、乳山市鼎呈鲜海产品加工有限公司、山东烟台贝之源生物科技有限公司等对本书的出版给予了大力支持，在此致以诚挚的感谢！

由于时间有限，本书难免存有纰漏，敬请广大读者批评指正。

编 者

2023 年 12 月于青岛

目 录 CONTENTS

第五章　牡蛎保鲜与加工　99

第一章

牡蛎起源与食用历史

第一节　牡蛎的起源

1　牡蛎的"祖先"是哪种生物?

牡蛎,俗称海蛎子(中国北方地区)、生蚝(粤语地区)、蚵仔(闽南语地区),隶属于软体动物门、双壳纲、牡蛎目,是人类开发利用程度较高的重要海洋生物资源之一。

长久以来,牡蛎的起源尚有争议。牡蛎是侧卧固着底栖的双壳动物,通常以左壳固着在坚实的基质上,双壳大小不一,左壳大而凹,右壳小而平,成体缺少大多数双壳类所具有的肉足,也没有前闭壳肌。

科学家根据牡蛎不等壳、侧卧、单柱的特点,推测它的祖先应该出现在古生代,可能起源于假髻蛤科(Pseudomonotidae)或早坂海扇科(Hayasakapectinidae)。目前学者们较为认可的观点是牡蛎的祖先为耒阳假髻蛤。

科普小知识

牡蛎的祖先——耒阳假髻蛤

(*Pseudomonotis leiyangensis* Liu, 1911)

发现于湖南省衡阳市耒阳市黄泥江的二叠纪时期化石,现今保存在中国科学院南京地质古生物研究所。壳体纵卵形。左壳具相当圆的放射脊,脊间沟宽。两耳相等,边缘内凹。右壳具细的放射线,壳顶区仅见同心线,足丝凹口明显。

2　牡蛎是如何进行分类的?

　　牡蛎的分类一直是困扰科学家的一个难题。在过去，科学家们大多是根据壳的外部形态对牡蛎进行分类。但是，牡蛎壳的可塑性极强，常常因生活环境的不同而发生显著的变化。比如，同一牡蛎种，当其直立、群集生长时，壳往往是薄的、窄长形的，而当其侧卧、单独生长时却可能形成厚的、宽圆形的壳。这种壳形上的差异很容易误导人们把这些个体看作不同的种，甚至不同的属。

　　林奈（Linnaeus，1758）正式命名了牡蛎属（*Ostrea*）。之后许多学者对牡蛎进行了系统的分类研究，如 Lamarck（1819）、Sowerby（1870）、Lamy（1929）、Thomson（1954）和 Stenzel（1971）。到 20 世纪 70 年代，世界上记载的牡蛎多达 100 多种，然而这 100 多种牡蛎中很多都是同物异名，比例甚至高达 2/3。

　　多数牡蛎种类单纯依靠壳的形态特征是很难区分的，后来的学者根据繁殖方式、内部结构、分子遗传等特征特性不断修正牡蛎的分类系统。World Register of Marine Species 数据库将现生牡蛎分为了 2 科、5 亚科、20 属、85 种。随着分子生物学技术的迅速发展，将形态学、解剖学、分子生物学等方法相结合成为解决牡蛎分类问题的重要手段。

3 我国的牡蛎分类现状如何？

我国的牡蛎分类也存在一些分歧。比如，有专家认为我国北方沿海的重要经济贝类——大连湾牡蛎 [*Crassostrea talienwhanensis* (Crosse)] 实际是长牡蛎 [*Crassostrea gigas* (Thunberg)] 的同物异名；我国南方养殖的"红肉牡蛎"和"白肉牡蛎"应为两个种，仅红肉牡蛎属于近江牡蛎 (*Crassostrea ariakensis* Fujita)。要解决中国牡蛎分类的难题，仍需综合运用经典分类学和分子系统发生学方法开展大量科学工作。完善牡蛎分类系统，阐明种属间的系统演化关系，这对于贝类的生物学基础研究、资源利用与保护都具有重要意义。

关于我国牡蛎的种类，目前认可度较高的是刘瑞玉先生在《中国海洋生物名录》中的记录，将我国现生牡蛎分为 2 科、3 亚科、13 属，共计 30 种（表 1-1）。

科普小知识

生物分类是研究生物的一种基本方法。生物分类主要是根据生物的相似程度（包括形态结构、生理功能和分子序列等），把生物划分为不同的等级，并对每一类群的形态结构、生理功能、分子序列等特征进行科学的描述，以弄清不同类群之间的亲缘关系和进化关系。

分类系统是阶元系统，通常包括 7 个主要级别：界、门、纲、目、科、属、种。种是分类的基本单位，分类等级越高，所包含的生物共同点越少；分类等级越低，所包含的生物共同点越多。

表1-1　牡蛎分类表

中文名	拉丁名
硬牡蛎科	Pyconodntidae Stenzel，1959
新硬牡蛎属	Neopycnodonte Stenzel，1971
新硬牡蛎	N. cochlear (Poli，1795)
舌骨牡蛎属	Hyotissa Stenzel，1971
舌骨牡蛎	H. hyotis (Linnnaeus，1758)
覆瓦牡蛎	H. imbricata (Lamarck，1819)
开氏舌骨牡蛎	H. chemnitzii (Hanley，1846)
异壳舌骨牡蛎	H. inaequivalvis (Sowerby，1871)
拟舌骨蛎属	Parahyotissa Harry，1985
斑顶拟舌骨牡蛎	P. numisma Lamarck，1819
牡蛎科	Ostreidae Rafinesque，1815
脊牡蛎亚科	Lophinae Vyalov，1936
脊牡蛎属	Lopha Roding，1798
鸡冠牡蛎	L. cristagalli (Linnnaeus，1758)
齿缘牡蛎属	Dendostrea Swainson，1835
齿缘牡蛎	D. folium (Linnnaeus，1758)
缘牡蛎	D. crenulifera (Sowerby，1871)
锥齿缘牡蛎	D. turbinata (Lamarck，1819)
褶蛎属	Alectryonella Sacco，1897
褶牡蛎	A. plicatula (Gmelin，1791)
鲍形褶牡蛎	A. haliotidaea (Lamarck，1819)
金蛤牡蛎属	Anomiostrea Habe et Kosuge，1966
金蛤牡蛎	A. coraliophila Habe，1966

（续）

中文名	拉丁名
巨牡蛎亚科	Crassostreinae Torigoe, 1981
爪蛎属	*Talonostrea* Li et Qi, 1994
猫爪牡蛎	*T. talonata* Li et Qi, 1994
巨牡蛎属	*Crassostrea* Sacco, 1897
长牡蛎	*C. gigas* (Thumberg, 1793)
日本巨牡蛎	*C. nipponia* (Seki, 1934)
近江牡蛎	*C. ariakensis* (Fujita, 1913)
香港牡蛎	*C. hongkongensis* Lam et Morton, 2003
锦线巨牡蛎	*C. lineata* (Roding, 1798)
脆巨牡蛎	*C. vitrefacta* (Sowerby, 1871)
小蛎属	*Saccastrea* Dolfuss & Dautenberg, 1920
僧帽牡蛎	*S. cucullata* (Born, 1778)
多刺牡蛎	*S. echinata* (Quoy et Gaimard, 1835)
团聚牡蛎	*S. glomerata* (Gould, 1850)
咬齿牡蛎	*S. mordax* (Gould, 1850)
棘刺牡蛎	*S. kegaki* Torigoe et Inaba, 1981
贻形牡蛎	*S. mytulodes* (Lamarck, 1819)
牡蛎亚科	Ostreinae Rafinesque, 1815
掌牡蛎属	*Planostrea* Harry, 1985
鹅掌牡蛎	*P. pestigris* (Hanley, 1846)
牡蛎属	*Ostrea* Linnaeus, 1758
密鳞牡蛎	*O. denselamellosa* Lischke, 1869
疏纹牡蛎	*O. circumpicta* Pilsbry, 1904
侏儒牡蛎属	*Nanostrea* Harry, 1985
侏儒牡蛎	*N. exigua* Harry, 1985

第二节　牡蛎的食用历史

1 古人是如何认识牡蛎的?

　　古人对牡蛎的认识大多是通过细致的观察。牡蛎多附生在海边礁石上，常常大面积聚集生存，像"山"一样。唐朝韩愈便留有"蠔相粘为山，百十各自生"的诗句。北宋苏颂所撰《本草图经》（图1-1）中云："今海旁皆有之，而南海、闽中尤多。皆附石而生，相连如房，故名蛎房，初生海边止如拳石，四面渐长，有至一、二丈者，嶄岩如山，俗称蚝山"。古人对牡蛎的生活习性也有一定的了解。明朝地方志书《闽部疏》中这样描述牡蛎："蛎房虽介属，附石乃生，得海潮而活，凡海滨无石，山溪无潮处，皆不生"。

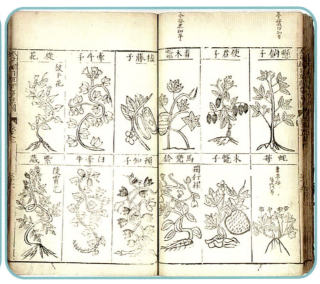

图 1-1　苏颂画像与其所著《本草图经》

注：苏颂全身像取自国学图书馆 1933 年影印本《润州先贤录》。

2 古人是如何取牡蛎肉的?

现在,人们加工或食用牡蛎一般都会采用专门的工具开壳取肉(图1-2)。古代人取牡蛎肉却是颇费工夫的。唐朝刘恂所撰《岭表录异》这样记载广东沿海地区采集牡蛎肉的方法——"海夷卢亭往往以斧揳取壳,烧以烈火,蚝即启房。挑取其肉,贮以小竹筐,赴墟市以易酒"。意思是古代居住在珠江口一带的渔民常用斧头撬的方式获取牡蛎,然后用火烧,牡蛎壳就会打开。渔民挑出蛎肉,放在小竹筐里,然后拿到市场上去换酒。这段文字不仅描绘了一幅生动的海边风情图,还反映了当时渔民的生活智慧和技巧,以及对美食的追求。

图1-2 牡蛎开壳刀具

3 牡蛎是从什么时候开始养殖的?

我国自宋代开始就有"插竹养蚝"的记载。宋代诗人梅尧臣所作的《食蚝》中提到"亦复有细民,并海施竹牢,采掇种其间,冲激恣风涛",描绘了渔民在海湾处插入竹子搭建围栏养殖牡蛎的情景。《南越笔记》(清朝李调元著)中也有牡蛎养殖的描述,提到"人蚝成田",说明当时人们已经可以进行规模化的牡蛎养殖了。《广东新语》中有"东莞、新安有蚝田,与龙穴洲相近,以石烧红散投之,蚝生其上,取石得蚝,仍烧红石投海中,岁凡两投两取"的记载。

在国外，欧洲人吃牡蛎可以追溯到古罗马时代。到了罗马时期，出现了专门养殖牡蛎的水利设施，通过控制潮汐的涨落营造更有利于牡蛎生长的环境。

4 古人是如何食用和赞誉牡蛎的?

牡蛎在中国古代曾被誉为"海族之最可贵者"。苏颂在《本草图经》中指出"南人以其肉当食品"，并赞美其"其味尤美好，更有益"，即牡蛎的味道非常鲜美，而且对人体有诸多益处。此外，苏颂还特别提到了牡蛎的美容功效，他说"兼令人细肌肤，美颜色，海族之最可贵者也"。这表明他认识到牡蛎不仅能够滋养身体，还有助于改善肌肤状态，使肤色更加美丽。

历朝历代对牡蛎都是美誉有加。南北朝时期的著名诗人和佛学家谢灵运，在任永嘉郡太守时，曾亲自巡视乐清湾的一系列岛屿，并在途经方江屿时品尝了牡蛎，对其赞不绝口。他在《永嘉郡记》中写道"乐成新溪口有蛎屿，方圆数十亩，四面皆蛎，其味偏好"。新溪是清江的旧称，这表明在1 500多年前，乐清清江地区就已经开始养殖牡蛎，且规模相当可观。

宋朝时期，尤其盛行食用牡蛎。刘子翚所作《食蛎房》云"蛎房生海壌，坚顽宛如石。其中储可欲，虽固必生隙"。这四句诗描绘了牡蛎的生长环境和它的特性，即牡蛎生长在海壌（"壌"指高大的山峰，海壌用来形容事物像高山耸立于大海之中，给人以震撼和壮美之感），其外壳坚硬如石。这种坚硬的外壳下，却隐藏着美味的食物。尽管牡蛎的外壳坚固，但细心的人仍能发现其中的缝隙，通过这些缝隙，人们可以撬开牡蛎的外壳，获取其中的美味。刘子翚通过这首诗，不仅赞美了牡蛎的美味，也展现了他对自然和生活的深刻观察和理解。

南宋文学家杨万里诗云"蓬山侧畔屹蚝山，怀玉深藏万壑间。也被酒徒勾引著，荐他尊俎解他颜"。意为，在蓬莱山的侧面，高耸着生蚝堆积成的小山，那些珍贵的生蚝深藏在万壑之间，宛如怀抱着宝玉。生蚝也被爱酒之人所喜爱和追求，于是将它们呈上宴席，为酒宴增添一份鲜美，也为人们带来欢乐和满足的笑容。

明朝诗人汪广洋在《岭南杂咏·其六》中云"雁翅城东涌怒涛，外洋水长蜑船高。莫言昨夜南风急，今日登盘有海蚝。"这首诗描绘了海洋的壮阔景象和海上的生活情景，首句"雁翅城东涌怒涛"表现了海洋的波涛汹涌，次句"外洋水长蜑船高"则通过蜑船在波涛中的形象，进一步强调了海洋的广袤和渔民生活的不易。后两句"莫言昨夜南风急，今日登盘有海蚝"则表达了渔民们面对风浪的乐观与坚强，以及对捕获海蚝的期待。

清朝胡世安所撰《异鱼图赞笺》中赞誉牡蛎"贮白玉瓯，云凝雾结，沁甘露浆，涎流溢咽。是无上味，形容不得"。"贮白玉瓯"是说牡蛎被盛放在像白玉般纯净的器皿中，给人以高贵和洁净的感觉。"云凝雾结"则用来形容牡蛎肉质的细腻和口感的滑嫩，就像云雾般凝聚和缠绕，给人一种朦胧而美妙的感觉。"沁甘露浆"描述的是牡蛎的滋味，如同甘甜的露水沁入心脾，给人带来清爽和满足的感觉。"涎流溢咽"则生动地描绘了品尝牡蛎时，口中分泌出的唾液（涎）不断增多，几乎要溢出喉咙，形象地展现了牡蛎的美味。"是无上味，形容不得"则是对牡蛎美味的极高赞誉，表示它的味道达到了无法用言语形容的境地，是无可比拟的顶级美味。整段文字以诗意的方式赞颂了牡蛎的美味，通过丰富的意象和生动的描绘，让人仿佛能够亲身感受到品尝牡蛎时的美妙体验。

牡蛎不仅在东方文化中被珍视，在西方文化中也有着重要的位置。有记载称古罗马帝国经常派人到沿海一带采购牡蛎，供王公贵族享用，他们把牡蛎誉为"圣鱼"。凯撒大帝十分喜欢生吃牡蛎，尤其喜爱产自不列颠岛和法国高卢的牡蛎。拿破仑对牡蛎更是情有独钟，他曾直言不讳对他的士兵表示：牡蛎是我征服女人和敌人的最佳食品。在西方，牡蛎至今仍被誉为"神赐魔食"，《圣经》中将牡蛎描述为"海之神力"，日本人则将牡蛎赞誉为"根之源"。

**科普
小知识**

古文中所说的"新溪"位于如今的浙江省乐清市。乐清市东临乐清湾，南临瓯江，牡蛎养殖条件得天独厚，被誉为"中国牡蛎之乡"。

5 在古代牡蛎除了做菜还能用来做什么？

牡蛎不仅可以做菜，还是一种重要的中药药材。古人对牡蛎的药理作用有非常细致的研究，认为牡蛎性味咸、涩、凉，有平肝潜阳、重镇安神、化痰固精等功效。古代医者把牡蛎壳分为生牡蛎和煅牡蛎两种，将生牡蛎放在炉火上煅至灰白色，碾碎后即成煅牡蛎。对入药用的牡蛎也会进行严格的筛选，《证类本草》中记载"大抵以大者为贵，十一月采左顾者入药"。

**科普
小知识**

在诸多中医药方中的"牡蛎"，大多指的是牡蛎的壳，而不是牡蛎的肉。牡蛎壳中最主要的成分是碳酸钙，除此之外，还含有以氧化物形式存在的铜、铁、锌、锰、锶等多种微量元素。

第二章

牡蛎生物学特征
与生活习性

第一节　牡蛎的形态

1 牡蛎长什么样子？

　　牡蛎由壳和软体部分组成见图 2-1，软体部分由左、右两壳包被，通过具有弹性的韧带和闭壳肌与壳相连，闭壳肌痕形态多样，有卵圆形、马蹄形、半圆形等。牡蛎壳由角质层和钙化层组成。角质层主要由硬化蛋白构成，在贝壳的最外侧，是贝壳与环境隔离层。钙化层位于角质层以内，由生物矿化形成的碳酸钙晶体和少量有机基质构成，其中的晶体主要为方解石晶体。

图 2-1　牡蛎外观图

注：上图为中国海洋大学培育的长牡蛎新品种"海大1号"。

2 牡蛎的外壳有哪些特点?

　　不同品种的牡蛎，其外壳有非常大的差别。牡蛎的壳型大多不规则，有圆形、卵圆形、三角形等；两壳通常情况下大小不等，左壳（下壳）大而凹，右壳（上壳）小而平；附着面也大小不一，壳顶腔深浅不同。壳顶两侧有翼状耳突，壳顶内面为铰合部，铰合部通常无齿，但有一个发达的内韧带槽。从表面来看，多数种类表面粗糙，具有鳞片或卷起的管状棘，放射肋不明显或没有放射肋（图2-2）。从壳颜色来看，有灰色、紫色、棕黄色、褐色、金黄色等，壳内面多为白色或淡黄色。

图 2-2　牡蛎的壳

牡蛎壳不仅可以入药，还可以改善酸性土壤，甚至可以用来盖房！在闽南地区的一些村庄，当地人用海泥混合牡蛎壳建造房屋，被称为"蚵壳厝"。蚵壳厝构造精湛且巧妙，是一种十分独特的贝饰古民居建筑。

在广东番禺等地，人们用生蚝壳拌上黄泥，加上红糖、蒸煮的糯米，一层层堆砌起来，筑成蚝壳墙，具有冬暖夏凉、不积雨水、不怕虫蛀、坚固耐用的特点。

3 牡蛎的内部器官有哪些?

　　牡蛎的内部器官主要包括消化器官、呼吸器官、循环器官、排泄器官、神经器官和生殖器官等，见图 2-3。牡蛎软体部的最外层是外套膜，左右各 1 片，相互对称。鳃是牡蛎的呼吸器官，位于鳃腔中，左右各 1 对，共 4 片。牡蛎的消化器官包括唇瓣、口、食道、胃、消化盲囊、晶杆、中肠、直肠和肛门。循环系统主要包括围心腔、心脏、副心脏、血管和血窦等部分。牡蛎生殖器官主要由滤泡、生殖管和生殖输送管 3 个部分组成，牡蛎科的种类生殖腺在成熟季节多呈乳白色，而硬牡蛎科的种类生殖腺在成熟季节呈红色或橘红色。牡蛎幼虫有 3 对神经节，分别是脑神经节、足神经节和脏神经节，成体后足神经节退化。

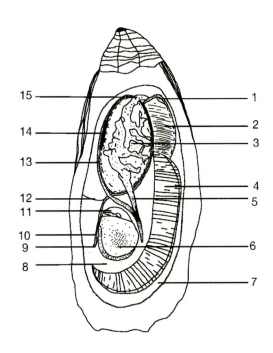

图 2-3　牡蛎软体部分构造示意图

1. 口　2. 唇瓣　3. 胃　4. 鳃　5. 晶杆囊　6. 闭壳肌　7. 外套膜　8. 鳃上腔
9. 肛门　10. 直肠　11. 心脏　12. 生殖腺　13. 肠　14. 消化盲囊　15. 食道

4 牡蛎的外套膜有什么作用?

　　牡蛎软体部的最外层是外套膜，左右各1片，相互对称，前端彼此相连，背缘与内脏团表面的上皮细胞相愈合。牡蛎的外套膜为二孔型，两片外套膜在背部愈合，在背部后缘也有一愈合点，形成入水孔和出水孔。入水孔是水流和食物流入的通道，出水孔则是粪便、废水等流出体内的通道。

　　外套膜缘包括生壳突起、感觉突起和缘膜突起3个部分，生壳突起的主要功能是分泌形成贝壳，感觉突起的主要功能是感知外界刺激，缘膜突起的主要功能是通过伸展和收缩来控制调节水流。

5 牡蛎靠什么进行呼吸?

　　鳃是牡蛎的呼吸器官，位于鳃腔中，由鳃丝相连而成，鳃丝上有前纤毛、侧纤毛、侧前纤毛和上前纤毛。牡蛎的鳃左右各1对，共4片，外侧的2片称为"外鳃板"，内侧的2片称为"内鳃板"，每片鳃板由1排上行鳃和1排下行鳃构成。

6 牡蛎的消化器官有哪些?

　　牡蛎的消化器官包括唇瓣、口、食道、胃、消化盲囊、晶杆、中肠、直肠和肛门。牡蛎的唇瓣有2对，左右对称，基部相连，前端圆钝，与口相接，后端尖，与鳃前部分相连。口位于唇瓣基部，在内、外唇瓣之间。食道较大，扁平，上方连接口，下部连接胃。胃呈袋状，内面多皱褶，后连一棒状晶杆，晶杆半透明，通常为黄色或棕色。消化盲囊包围在胃的四周，具有消化和吸收营养的作用。肠从胃的腹方斜伸而下，在内脏块内几经弯曲，转入上后方，末端游离，开口为肛门。肛门位于闭壳肌背后方，开口于出水腔。

7　牡蛎的循环器官有哪些?

牡蛎循环系统主要包括围心腔、心脏、副心脏、血管和血窦等部分。牡蛎的血液中水分占 96%，稍带黄绿色。牡蛎的血液循环为开放式，血液从心脏经过动脉血管达到各器官后又集中于动脉与静脉之间的血窦，然后进入心耳再到心室。

8　牡蛎的生殖器官有哪些?

牡蛎一般为雌雄异体，也有雌雄同体和性逆转的现象。牡蛎科的贝类生殖腺在成熟季节多呈乳白色（图 2-4），而硬牡蛎科则呈红色或橘红色。生殖器官主要由滤泡、生殖管和生殖输送管 3 个部分组成。滤泡是生殖管分支末端膨大而形成的囊泡状结构，是形成生殖细胞的主要部分。生殖管在性腺成熟季节较为明显，呈叶脉状。生殖输送管则是许多生殖管汇集而成的粗大导管，开孔于闭壳肌下方，主要作用是输送成熟的精、卵。

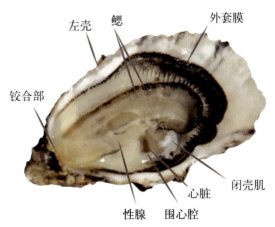

图 2-4　牡蛎主要器官实体图

第二节　牡蛎的生活史

1　牡蛎是怎样进行繁殖的？

牡蛎一般在水温高、盐度低的夏季进行繁殖，而且在整个繁殖季节，分期成熟，分批排放，常出现 2～4 次繁殖高峰。在环境条件（如水温、盐度、风浪或大潮期）发生突然变化时，往往会促使成熟的牡蛎排放生殖细胞。

牡蛎的性腺发育分为以下 5 个时期：

Ⅰ期：休止期。生殖细胞排放殆尽，外观软体部表面无色透明，内脏囊色泽明显。

Ⅱ期：形成期。生殖管呈叶脉状，滤泡开始发育，外观软体部表面稍显白色，但薄而少，可见到内脏囊。

Ⅲ期：增殖期。滤泡发达，卵原细胞或精原细胞开始转化为卵母细胞或精母细胞，外观乳白色生殖腺占优势，遮盖着大部分内脏囊。

Ⅳ期：成熟期。生殖管明显，卵巢和精巢中充满了卵子和精子，外观生殖腺覆盖了整个内脏囊，软体部非常饱满。

Ⅴ期：排放期。生殖管透明，可见空泡状，生殖细胞逐渐减少，外观生殖腺由软体部前端逐渐向后变薄，重现褐色的内脏囊。

2 牡蛎的受精卵是如何发育成幼苗的?

牡蛎卵子受精后,在合适的环境条件下,经过 12 ~ 24 h 便可发育成担轮幼虫(图 2-5)。

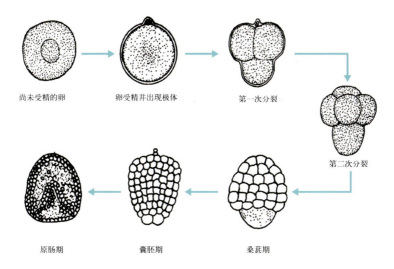

尚未受精的卵　　卵受精并出现极体　　第一次分裂

第二次分裂

原肠期　　　　　囊胚期　　　　　桑葚期

图 2-5　牡蛎发育图(卵子至原肠期)

担轮幼虫刚形成时,能在膜内转动并在水中回旋,继而冲破卵膜,孵化而出。之后担轮幼虫不断分泌贝壳,待到两片贝壳披盖软体,口前纤毛带前移呈盘状,其上丛生纤毛,称为面盘幼虫。初形成的面盘幼虫,壳长 80 μm 左右,之后壳顶隆起,并不断生长,左右两壳壳顶的生长速度不一致,左壳快,壳顶较突出,使左右两壳呈不对称状态(这也是牡蛎幼虫与其他双壳类幼虫的主要区别)。与此同时,幼虫内部器官不断发育,面盘幼虫初期消化道就已完全贯通,之后长出前后闭壳肌,至幼虫后期,足已经很发达,幼虫可匍匐爬行。到幼虫鳃原基明显,出现眼点和平衡囊时,即将进入附着变态期。在正常情况下,幼虫用足部在附着物上爬行,遇到合适的地方,便由足丝腺分泌出足丝,将自己附着在固着物的表面上,然后从体内释放出黏胶物质,把壳固定在固着物上,进而完成变态过程。固着以后，幼虫的足、面盘等幼虫器官退化消失，生长出石灰质的贝壳。此时，幼虫发育成近圆形的稚贝（图2-6）。

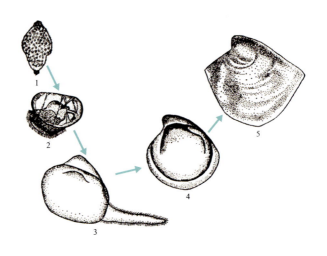

图 2-6　牡蛎发育图（担轮幼虫至稚贝）

1. 担轮幼虫　2. 面盘幼虫　3. 匍匐幼虫　4. 刚变态固着的幼苗　5. 稚贝

科普
小知识

　　牡蛎在小时候可是个游泳小能手哦！在幼虫阶段，牡蛎体内有一个"面盘"，面盘上附有纤毛，靠纤毛摆动在水中游动和摄食。

　　牡蛎的面盘幼虫发育到固着变态，需经过15d左右的浮游生活。面盘幼虫前期有明显的正趋光性，在室内人工培育条件下或自然海区流速缓慢时，幼虫多集中在水的表层浮游；面盘幼虫后期出现眼点即将变态附着时，具有负趋光性，从光亮处转向底部。因此，室内人工育苗过程中需适时调整光照强度，使幼虫固着得比较均匀。

3　牡蛎生存在什么样的环境中?

牡蛎一般生长在潮间带和潮下带,水深不超过10m的海域中,营典型的固着生活,一经固着后便无法自行移动。生活在南方的牡蛎对高温适应性较强,而对低温的适应性较弱,北方生长的牡蛎正好相反。不论是南方还是北方养殖的牡蛎品种处于低温环境下,都不会引起死亡,而处于过高温的环境下则容易死亡,尤其是个头小的牡蛎。我国目前养殖的牡蛎品种大多都是广温性种类,如长牡蛎和近江牡蛎,水温在 $-3 \sim 32℃$ 范围内都能生存。

牡蛎固着后在适宜环境下生长很快。牡蛎的生长包括贝壳的生长和软体的生长两部分,软体的生长往往迟于贝壳的生长,且有明显的季节变化,在温度高的月份和繁殖期后,贝壳生长快,在温度低的月份和繁殖期前,软体部生长快。

4　牡蛎是如何摄食的?

牡蛎通过鳃过滤海水进行摄食,对食物的种类没有什么选择性,但对食物的大小则有严格的要求。摄食时,首先是鳃纤毛的运动,将含有"食物"的海水引入进水腔,然后通过唇瓣的筛选和传递,将食物送至口中。牡蛎的口、食道、胃都不分泌消化酶,口和食道仅起输送食物的作用,胃和肠在晶杆和胃楯的作用下,进行细胞外消化作用。消化盲囊的上皮细胞和吞噬细胞,有吞噬食物的机能,进行细胞内消化作用。直肠和肛门是排泄废物的通道。

5 牡蛎有哪些独特的生活习性？

（1）非同一般的双壳

大多数双壳贝类的两扇外壳左右对称，大小基本一致（图2-7），而牡蛎则有所不同。牡蛎的左壳（下壳）固着在岩礁石块上，呈不规则的中间凹陷的小石槽状，牡蛎的软体部就藏在这里面，而右壳（上壳）较扁平，像一个盖子扣在上面。

（2）举重健将

牡蛎的闭壳肌由横纹肌和平滑肌两种肌肉组成。横纹肌的动作迅速，好像皮筋一样，当它收缩时，壳能很快闭合。而平滑肌则持久且有力。牡蛎的平滑肌每平方厘米有12kg的闭合力，而同样面积的横纹肌却只有0.5kg的力量。在这两种肌肉的配合下，牡蛎的双壳可以快速收缩，有力又能持久。当它们把壳闭合时，能拖动一件大于自己体重数千倍的重物，是名副其实的举重健将。

（3）极强的抵抗力

潮间带多变的环境练就了牡蛎对温度、盐度、干露等极强的抵抗能力，在落潮露出水面时，能够耐受夏天酷热干燥的天气，同时也能够适应冬天冰冻天气，在低温干露条件下可存活1周甚至更长时间。

图 2-7　左右对称的双壳贝类（上）与双壳不对称的牡蛎（下）

（4）两种生殖方式

大多数牡蛎是雌雄异体，也有少数种类是雌雄同体。因此，牡蛎的繁殖方式也分成了两种类型。雌雄异体的种类（如长牡蛎、近江牡蛎等）在繁殖时，亲本双方分别将卵子和精子排出体外，在海水中受精、孵化，并发育到固着生活。另一种类型的牡蛎（如密鳞牡蛎和欧洲牡蛎）在繁殖时，亲体将成熟的生殖细胞排出，依靠排水孔附近的外套膜和鳃肌的作用，将生殖细胞压入鳃腔中，并在这里受精，胚胎发育成面盘幼虫后离开母体，在海水中经过一个自由浮游阶段，然后随着变态成为稚贝。

（5）消失的"足"

浮游幼虫依靠卵子积累的有限的营养物质维持生命。当发育到了早期的面盘幼虫，它的摄食器官和消化系统便已形成，开始滤食直径在 $10\mu m$ 以内的单细胞藻类。大约经过 1～4 周的浮游生活后，此时的运动器官不但有面盘，还发育出了能爬行的足。在固着变态之前，牡蛎靠着伸缩自如的足，在石块或其他物体上匍匐前进，当找到适宜的环境时，便把较大的左壳卧倒在这些物体上，足开始分泌黏胶物把壳粘牢，使自己终生定居下来。当足完成这一重大使命后，便很快退化消失了。

（6）群居欢乐多

牡蛎有群居的生活习性，自然栖息或人工养殖的牡蛎，都是由不同年龄的个体群聚而生。后代以先代的贝壳作为固着基，老的个体死去，新的一代又在其上固着。在许多自然繁殖的海区，海底逐年堆积的牡蛎壳和大量的个体形成牡蛎礁（图 2-8）。

图 2-8　牡蛎礁

（7）高能小水泵

牡蛎没有水管或水孔。当它张开双壳时，海水从外套膜的腹缘进入，经过鳃，然后从后背缘排出体外，牡蛎靠这股水流进行呼吸和摄食。一只肉重 20g 的牡蛎，每小时可以滤水 5 ～ 20L，相当于自身肉重的 1 000 倍，可以说是一台极为高效的生物小水泵！

第三节　牡蛎的品种

牡蛎是全球分布最广的贝类，遍布赤道到亚寒带的几乎所有海域。牡蛎总科全球现存物种大约85种，主要分布在温带和亚热带地区。牡蛎也是世界贝类养殖中产量最高的类群，经济种类主要分布在浅水及潮间带区域。

世界范围内有名的牡蛎品种有哪些？

（1）法国贝隆牡蛎

贝隆牡蛎（Huitre Belon de Bretagne）因产自法国贝隆河口而得名。贝隆河口是淡水与咸水的交汇之处，此地养殖的牡蛎具有独特的金属味，所以又被称为"铜蚝"。贝隆牡蛎依照壳的大小和重量分为许多个等级，口感最好的一般需要3～5年才可以养成，售价高达百元一粒，因此也被誉为"蚝中之王"。

贝隆牡蛎是典型的欧洲牡蛎。欧洲牡蛎又名欧洲扁平牡蛎，主要分布在从挪威到摩洛哥的大西洋海岸、地中海海岸和黑海海岸。这种牡蛎体型相对较小，成年个体直径一般在3.8～11.0cm，壳呈椭圆形或梨形，白色、淡黄色或乳白色，表面粗糙，在右瓣膜上常显示淡棕色或蓝色同心带（图2-9）。

图2-9　法国贝隆牡蛎

科普
小知识

　　贝隆牡蛎依照壳的大小和牡蛎的重量分为 11 个等级，最小规格的是 No.6，大一点的是 No.5，依次类推。在 No.1 之后，会以 0、00、000 等来表示，最大的是"00000"。

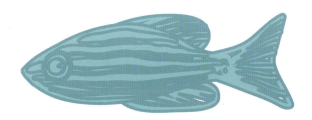

（2）法国吉拉多牡蛎

如果说贝隆牡蛎是蚝中之王，那么吉拉多牡蛎（Gillardeau oyster）就是名副其实的蚝中之后。Gillardeau 是法国一个家族的名字，吉拉多牡蛎是极少数以养殖者命名的超级品牌，养殖历史已超百年。每只吉拉多牡蛎一生要更换养殖场所 4 ~ 5 次，历经 59 道养殖工序，历时 4 年以上才能上市。每一只纯正的吉拉多牡蛎，都会在壳上盖一个特有的"G"字印章（图 2-10）。独特的榛子味是吉拉多牡蛎最被人津津乐道的经典味道。

图 2-10　法国吉拉多牡蛎和它特有的"G"字印章

（3）法国玫瑰牡蛎

玫瑰牡蛎又名粉红牡蛎，被誉为"法国牡蛎公主"，它的外壳显现出淡淡的粉色（图 2-11），肉质紧实丰满，滋味鲜嫩香甜且余味悠长，有榛子和菌菇的香气。玫瑰牡蛎产量稀少，当地人不惜耗巨资在养殖中采用间歇性离水技术，打造"人工模拟潮汐"的环境来提高玫瑰牡蛎的产量和品质。

图 2-11　法国玫瑰牡蛎

（4）悉尼岩牡蛎

悉尼岩牡蛎是澳大利亚最有名的品种，又名悉尼石牡蛎。悉尼岩牡蛎最突出的特征是贝壳呈深黑色（图 2-12），该品种以深海海藻为食，个头不大但肉质鲜美有弹性，且具有浓郁的、入口持久的金属味。悉尼岩牡蛎产量不高，澳大利亚国内的顶级厨师也大都喜欢挑选悉尼岩牡蛎作为食材，所以出口很少，在中国国内比较少见。

图 2-12　悉尼岩牡蛎

（5）美国熊本牡蛎

熊本牡蛎因最先发现于日本的熊本县而得名。该品种在 20 世纪 40 年代被引入美国，随后在加利福尼亚州培育成功，目前美国西岸已成为熊本牡蛎的主要产区。加州得天独厚的海湾条件使养成的熊本牡蛎鲜甜、爽嫩。熊本牡蛎尽管个头较小，但具有独特的海水和海藻气息，深受美国消费者喜爱。

熊本牡蛎显著的特点是生长缓慢且个头较小，长度通常不超过 6cm，呈现三角形状，壳边缘有 3 个或更多个非常明显的隆凸线条，使得整只牡蛎看起来非常像呆萌的猫爪子（图 2-13）。

图 2-13　美国熊本牡蛎

人们普遍认为熊本牡蛎原产于日本九州岛西部的熊本县海湾，实际上在中国东部海域、韩国南部海域均有野生熊本牡蛎分布，所以也有学者认为熊本牡蛎原产地应为中国东海。

（6）加拿大太阳王牡蛎

太阳王牡蛎产自加拿大新不伦瑞克省。牡蛎悬浮于浮筏的袋中进行养殖，夏季的海浪使牡蛎不断地翻滚摩擦，使得养成的牡蛎形状、大小都非常一致（图2-14）。同时受太阳照射的影响，牡蛎的外壳非常坚硬。这种牡蛎小巧、精致，肉质饱满多汁。

图2-14　加拿大太阳王牡蛎

（7）新西兰布拉夫牡蛎

布拉夫牡蛎体型较小，外壳扁平，看起来更像是扇贝（图2-15）。肉颜色偏黄，味道鲜甜，同时矿物味也比较重。这种牡蛎生长在新西兰最南端，靠近南极，在60m深的寒冷清澈海水中需要自然生长4～8年才能长成，因此特别稀有，被誉为"太平洋的鱼子酱"。

图2-15　新西兰布拉夫牡蛎

科普小知识

布拉夫（Bluff）是新西兰本土最南端的小镇。布拉夫生蚝节是一年一度的年度盛会，在每年的5月举行。这一天，全世界的海鲜美食家都会飞到布拉夫，参与这个令人雀跃的年度生蚝庆典！

（8）南非纳米比亚牡蛎

纳米比亚牡蛎是南非牡蛎的代表，主要在鲸湾港进行养殖。鲸湾港是本格拉寒流上岸的地方，水温偏低、水质营养物质丰富，这使得纳米比亚牡蛎能够快速生长。纳米比亚牡蛎的肉质呈淡淡的乳白色（图2-16），肥满醇厚，富有弹性，味道咸度适中，入口有浓郁的奶香。

图 2-16　南非纳米比亚牡蛎

（9）韩国统营牡蛎

统营市位于韩国南部，是韩国的"牡蛎之都"，韩国人吃的牡蛎80%都产自这里。统营市位于北纬35°，这里冬暖夏凉，属于典型的温暖型海洋气候，海水中含有丰富的营养物质，非常适合养殖牡蛎。在口感方面，统营牡蛎肉质肥满，味道层次不多，以清甜为主，其外观见图2-17。

图 2-17　韩国统营牡蛎

（10）日本厚岸牡蛎

厚岸牡蛎是日本牡蛎的代表。厚岸位于北海道东南岸，这里的厚岸湖海水与湖水参半，是首屈一指的牡蛎产地，养成的牡蛎有清新软滑的口感，肉质肥满味鲜，被用来制作日本最顶级的刺身，其外观见图2-18。

图 2-18　日本厚岸牡蛎

（11）美国奥林匹亚牡蛎

美国奥林匹亚牡蛎从阿拉斯加州到墨西哥的太平洋沿岸地区均有分布，个头较小，通常6～8cm，壳呈圆形、椭圆形或细长形（图2-19）。该品种外壳无角质层，所以表面比较光滑，常带有浅黄色或紫褐色的条纹。

图2-19　奥林匹亚牡蛎

科普小知识

　　有关"奥林匹亚牡蛎"名称的来源，一种说法是，在19世纪80年代，华盛顿州的奥林匹亚市有家名为"奥林匹亚生蚝馆"的餐馆，在食客中广受好评，后来人们习惯性地把本地牡蛎称为奥林匹亚牡蛎。另一种说法是，当华盛顿地区获得独立州地位时，为了使奥林匹亚市竞选成为华盛顿州的首府，当地市民以牡蛎盛情款待各方选民，后来该市成功当选，当地的牡蛎也因此被冠以"奥林匹亚牡蛎"之名。

（12）大西洋牡蛎

大西洋牡蛎，又称东部牡蛎或美洲牡蛎，原产北美洲，是墨西哥湾、北美大西洋沿岸特有的牡蛎品种。个头大，肉质紧实，口感清脆，壳较光滑，呈泪珠形或水滴状，颜色有棕色、奶油色、森林绿色、灰白色等（图2-20）。

图 2-20　大西洋牡蛎

2 我国主要的牡蛎品种有哪些？

我国拥有至少 30 种以上的牡蛎物种资源，开展人工养殖的经济牡蛎全部隶属于巨蛎属，而该属在中国海域已经有 6 个种或亚种。我国主要经济牡蛎品种有长牡蛎、福建牡蛎、近江牡蛎、香港牡蛎、熊本牡蛎等。

(1) 长牡蛎

长牡蛎 (*Crassostrea gigas*) 又称太平洋牡蛎、大连湾牡蛎、褶牡蛎，俗称"海蛎子"，在我国分布广泛。蛎壳大而薄，长形或椭圆形，壳顶短而尖，腹缘圆，右壳较平，壳表面有软薄波纹状环生鳞片，排列稀疏呈紫色或淡黄色，放射肋不明显 (图2-21)。壳的形态常随生活环境的变化而有所不同。

长牡蛎是广盐、广温性的内湾品种，具有个体大、生长快、产量高、养殖周期短、味道好、效益高等特点。长牡蛎是我国北方沿海最常见的牡蛎，但养殖的品系最先是从日本等地引进。20世纪80年代，浙江省首先从日本、澳大利亚以及我国台湾地区引进长牡蛎苗种，于乐清湾试养成功；随后，辽宁、福建和广东等省也相继进行大规模引种，并培养苗种应用于生产，养殖面积逐年扩大。到21世纪初，长牡蛎从南方沿海向北方迅猛发展，成为北方沿海地区主要的养殖种类。

图2-21　长牡蛎

科普小知识

长牡蛎是生长最快的牡蛎物种之一，也是所有牡蛎品种中对盐度和温度耐受力最强的物种。因此，长牡蛎是目前世界上养殖最多的牡蛎品种。

（2）福建牡蛎

福建牡蛎（*Crassostrea angulata*）又名葡萄牙牡蛎，俗称"蚵仔"，主要分布在福建、浙江以及广东的潮间带及潮下带浅水区，是闽、浙两地的主要养殖种类，也是中国乃至世界养殖产量最大的经济贝类。福建牡蛎与长牡蛎外形相近，亲缘关系也很近，是长牡蛎的南方姊妹种，其外观见图2-22。

图 2-22　福建牡蛎

（3）近江牡蛎

近江牡蛎（*Crassostrea ariakensis*）因在淡水入海的河口生长最繁盛而得名，分布广泛。贝壳大且坚厚，体型多变，有圆形、卵圆形、三角形或长形等。右壳略平，表面环生薄而平直的黄褐色或暗紫色鳞片，无放射肋。左壳稍大于右壳，表面鳞片与右壳相近。壳内面白色或灰白色（图2-23）。近江牡蛎的壳形常依栖息环境不同而发生很大改变。近江牡蛎的软体部分呈暗褐色，因此在南方常被称为"红肉"，是加工"蚝豉"和"蚝油"的主要原料。

图 2-23　近江牡蛎

（4）香港牡蛎

香港牡蛎 (*Crassostrea hongkongensis*) 也就是南方沿海居民俗称的"白肉""大蚝"，主要分布在地处南海的广东、广西和海南，是两广沿海地区的主要养殖种类，其外观见图 2-24。

图 2-24　香港牡蛎

科普小知识

　　过去，近江牡蛎实际上是渔民所俗称的"红肉"和"白肉"牡蛎的统称。近年来，学者才将其界定为两个独立的物种，"红肉"特指"近江牡蛎"，而"白肉"则为"香港牡蛎"。前者为河口性广布种，后者为热带、亚热带暖水种。

我国养殖较多的牡蛎品种有哪些？

第三章

牡蛎营养、功效
与风味

第一节　牡蛎的营养

1 牡蛎的基本营养组成如何？

　　牡蛎具有高蛋白、低脂肪的特点（图 3-1），素有"海洋牛奶"之美称。从营养学角度来看，牡蛎富含优质蛋白质，其氨基酸组成完全，除 20 种常见氨基酸外，牛磺酸含量也较高，且多以游离态存在于牡蛎体内，具有重要的生理活性。牡蛎总脂含量虽然不高，但多是具有生理活性的组分，如人体必需的亚麻酸、亚油酸，以及二十碳五烯酸（EPA）、二十二碳六烯酸（DHA）等多不饱和脂肪酸。另外，牡蛎还富含维生素和矿物质，特别是硒、锌等微量元素含量较高。牡蛎是国家卫生健康委员会首批批准的药食同源的食品之一。

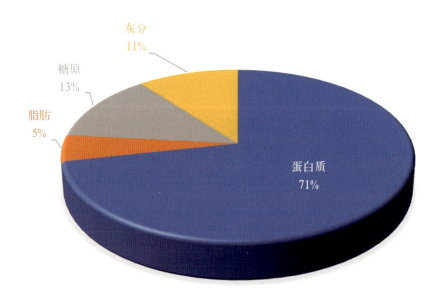

图 3-1　牡蛎的基本营养组成（以干基计）

2　哪个季节的牡蛎最肥美?

每年的秋冬季节，牡蛎消耗少，能量蓄积多，肉质比较肥美。因此，每年的10月至翌年的5月是牡蛎最饱满肥美的时期。5月以后，牡蛎的性腺过于肥满，俗称"起粉"，口感较差，加工的产品质量也差。

什么时间吃牡蛎口味最佳?

3　不同品种的牡蛎在营养组成上有无差异?

我国主要的牡蛎经济品种有长牡蛎、福建牡蛎、近江牡蛎、香港牡蛎、熊本牡蛎等。依据文献报道的数据，不同牡蛎品种的营养组成有较大差异。表3-1汇总了国内常见牡蛎品种的基本营养组成情况，不同品种牡蛎的水分含量范围为71.12% ~ 83.93%，蛋白质含量范围为6.41% ~ 11.29%，脂肪含量范围为0.32% ~ 1.58%，糖原含量范围为0.68% ~ 2.68%，灰分含量范围为0.56% ~ 2.64%。

不同牡蛎品种的微量元素含量同样有显著差异，如表3-1所示，铁的含量范围为23.90 ~ 123.86mg/kg，锌的含量范围为61.33 ~ 616.98mg/kg，铜的含量范围为12.97 ~ 81.51mg/kg。其中采自广东汕头的香港牡蛎，锌含量高达616.98mg/kg。

表 3-1 不同品种牡蛎的基本营养组成和部分微量元素含量

品种	基本营养组成 / (g/100g)					微量元素 / (mg/kg)				来源	参考文献
	水分	蛋白质	脂肪	糖原	灰分	铁	锌	铜	硒		
福建牡蛎	75.81	8.07	0.80	1.31	2.05	96.52	82.85	28.38	0.70	福建漳浦	林海生等，2019
熊本牡蛎	76.16	10.38	0.48	1.15	1.47	94.91	176.88	57.35	0.66	江苏海门	林海生等，2019
近江牡蛎	71.57	11.29	0.71	1.83	1.69	49.59	61.33	21.52	0.56	福建厦门	林海生等，2019
近江牡蛎	83.93	8.07	0.71	—	2.24	51.61	72.86	12.97	0.65	广东汕头	方玲等，2018
近江牡蛎	76.90	9.62	0.77	—	1.82	94.08	262.28	28.81	0.74	广西钦州	方玲等，2018
近江牡蛎	81.84	6.41	0.97	—	1.94	98.40	447.76	74.93	0.44	海南海口	方玲等，2018
香港牡蛎	71.12	8.69	0.47	2.61	1.47	85.33	616.98	81.51	0.36	广东汕头	黄艳球等，2019
香港牡蛎	77.82	6.41	0.32	2.68	0.60	40.56	176.52	28.28	0.39	广东程村	林海生等，2019
香港牡蛎	78.49	8.60	1.57	—	1.67	48.34	243.97	73.75	0.49	广西北部湾	CHEN et al.，2012
长牡蛎	76.77	8.68	0.59	1.71	2.64	123.86	140.09	47.94	1.12	辽宁庄河	林海生等，2019
长牡蛎	78.41	9.98	1.58	1.87	0.56	105.70	152.70	58.09	0.96	山东乳山	秦华伟等，2015
长牡蛎	77.70	9.29	0.65	1.19	1.40	94.91	68.47	38.28	0.85	山东荣成	林海生等，2019
长牡蛎	79.28	11.29	0.44	0.68	1.45	23.90	145.03	51.66	0.70	山东乳山	林海生等，2019

注："—"表示未进行测定。

4 牡蛎的氨基酸组成是怎样的?

　　牡蛎含有人体必需的8种氨基酸,必需氨基酸总量占氨基酸总量的46%,符合联合国粮食及农业组织和世界卫生组织推荐的理想模式,属于优质蛋白。不同品种以及不同季节采集的牡蛎样品,其氨基酸组成有很大差异。图3-2是山东乳山地区采集的长牡蛎的氨基酸组成情况,其中谷氨酸、天门冬氨酸、亮氨酸、丙氨酸、精氨酸和赖氨酸含量相对较高,而酪氨酸、脯氨酸、组氨酸、蛋氨酸和胱氨酸含量相对较低。

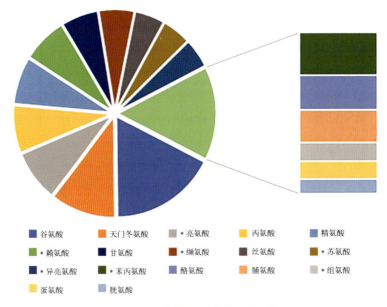

■ 谷氨酸	■ 天门冬氨酸	■ *亮氨酸	■ 丙氨酸	■ 精氨酸
■ *赖氨酸	■ 甘氨酸	■ *缬氨酸	■ 丝氨酸	■ *苏氨酸
■ *异亮氨酸	■ *苯丙氨酸	■ 酪氨酸	■ 脯氨酸	■ *组氨酸
■ 蛋氨酸	■ 胱氨酸			

图 3-2　长牡蛎的氨基酸组成

注:＊为人体必需氨基酸。

科普小知识

人体必需氨基酸是指人体不能合成或合成速度远不能满足机体需要，必须由食物摄入的氨基酸，共有 8 种，分别是赖氨酸 (Lysine)、色氨酸 (Tryptophan)、苯丙氨酸 (Phenylalanine)、甲硫氨酸 (Methionine)、苏氨酸 (Threonine)、异亮氨酸 (Isoleucine)、亮氨酸 (Leucine)、缬氨酸 (Valine)。此外，组氨酸 (Histidine) 是婴儿生长发育所必需的氨基酸。

5 牡蛎的脂肪酸组成是怎样的?

牡蛎中的脂肪酸以不饱和脂肪酸为主，含有亚油酸 ($C_{18:2}$)、亚麻酸 ($C_{18:3}$) 等人体必需的脂肪酸，尤其是 EPA ($C_{20:5}$) 和 DHA ($C_{22:6}$) 含量高。表 3-2 是长牡蛎脂肪酸组成情况，其中 EPA 和 DHA 分别达到 19.18% 和 13.78%。

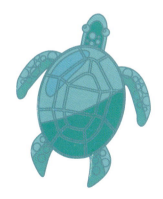

表 3-2　长牡蛎脂肪酸组成

脂肪酸种类	比例 /%
$C_{14:0}$	6.71
$C_{16:0}$	16.01
$C_{16:1}$	4.06
$C_{17:0}$	2.14
$C_{18:0}$	3.43
$C_{18:1}$	7.76
$C_{18:2}$	1.55
$C_{18:3}$	2.22
$C_{20:0}$	3.73
$C_{20:1}$	2.01
$C_{18:4}$	3.18
$C_{20:2}$	1.21
$C_{20:4}$	1.53
$C_{20:5}$	19.18
$C_{22:0}$	2.78
$C_{22:2}$	2.15
$C_{22:5}$	0.96
$C_{22:6}$	13.78
饱和脂肪酸	34.80
不饱和脂肪酸	52.42
多不饱和脂肪酸	45.30

注：实验用长牡蛎样品于 2022 年 10 月采集自山东乳山。

第二节　牡蛎的功效

牡蛎素有"海洋牛奶"美称，不仅富含优质蛋白质，还含有牛磺酸、多糖、不饱和脂肪酸、微量元素等功效成分，是国家卫生健康委员会首批批准的药食同源食品之一。

1 牡蛎中含有哪些功效成分？

（1）牛磺酸

牛磺酸是一种含硫的β−氨基酸，最早在牛胆汁中发现，所以称之为"牛磺酸"，化学式为 $NH_2CH_2CH_2SO_3H$（图3-3）。大量研究表明牛磺酸对心血管系统、免疫系统和神经系统等方面具有显著的益处。此外，牛磺酸还被认为可以增强运动表现和改善疲劳感。

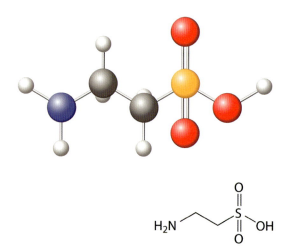

图 3-3　牛磺酸的化学结构

海洋生物是牛磺酸的天然宝库，尤其在牡蛎中含量极为丰富，北方牡蛎牛磺酸含量可达到 10g/kg 以上。牛磺酸对牡蛎渗透压的调节有重要作用，当生存环境的盐度低时牡蛎释放牛磺酸以适应低渗透压，盐度高时则积累牛磺酸以适应高渗环境。北方牡蛎的牛磺酸含量普遍高于南方，可能与南、北方海水盐度差异有关。

（2）锌

◇◇◇◇◇◇◇◇◇

锌是人体必需的微量元素，具有重要的生理功能，尤其对于蛋白质合成和细胞增殖至关重要。锌是人体免疫系统的关键成分，可以增强人体免疫力，预防感染；锌对于骨骼和神经系统的正常功能也非常重要，可以促进骨骼发育和神经递质的合成；锌还可以维持人体内的酸碱平衡和维生素代谢，促进头发和指甲的生长等。

牡蛎是已知的含锌量最高的海洋贝类，以湿基计，每 100g 牡蛎肉中含有大约 10mg 的锌，这可能与牡蛎的滤食特性有关。科研人员发现牡蛎不同组织中的锌含量有很大差异，其中鳃部的锌浓度远远高于其他部位，这在一定程度上佐证了牡蛎体内的锌主要来源于"滤食"。研究发现，给小鼠饲喂牡蛎提取物，可以显著提高雄性小鼠的精子活力，同时还可改善雌性缺锌小鼠出现的生殖衰竭、胚胎缺陷等问题。

另外，锌在自然界的存在形式包括有机锌和无机锌两种，二者的比例约为 1∶1.55，后者的生物利用率低，容易引起中毒，前者则更安全且易于人体吸收。牡蛎中的锌主要是以与蛋白质或多糖结合的有机态的形式存在。牡蛎中的锌分为两个部分，一部分通过生物转化途径变成机体的组成部分，另一部分则随食物残渣残留在消化道内。

科普
小知识

微量元素是指人体内含量介于体重0.005%～0.01%的元素，其中必需微量元素是生物体不可缺少的，例如铁、铜、锌等，这些元素在人体内不能合成，需要通过外源食物提供。微量元素在人体内含量虽然极微小，但对生物体的正常生长和发育起着至关重要的作用。这些元素大多在生物体内以酶的形式存在，参与生物体内的一系列重要反应，如能量代谢、细胞分裂、免疫应答等。

(3) 牡蛎多糖

多糖一般是由10个及以上相同或不同种类的单糖以糖苷键连接而成的链状结构的高分子多聚物，具有重要的生物学功能，如一些多糖可以激活免疫细胞，促进免疫因子的分泌，从而提高机体的免疫力；可以抑制肿瘤细胞的生长和扩散，诱导肿瘤细胞凋亡，提高机体的抗肿瘤能力；可以清除体内的自由基，保护细胞免受氧化损伤；可以抑制血小板的聚集和凝血因子的活性，提高抗凝血活性；可以降低血清中胆固醇和甘油三酯的含量，从而降低患心血管疾病的风险等。

牡蛎多糖的组成、结构以及生物活性因牡蛎种类及其生活环境的不同而有很大差异。如科研人员从长牡蛎中提取得到的牡蛎多糖，单糖组成仅含有葡萄糖；而从近江牡蛎中提取得到的多糖则由葡萄糖、甘露糖、核糖、半乳糖、木糖、阿拉伯糖和岩藻糖组成，其中葡萄糖占比达到90%以上。牡蛎多糖具有免疫调节、抗肿瘤以及护肝等生物活性，还有研究指出牡蛎多糖可以减轻肠炎症和营养不良，改善肿瘤患者的肠道环境。

（4）蛋白肽

牡蛎中含量最高的营养成分是蛋白质。牡蛎蛋白是优质蛋白，也是功能活性肽的重要来源。功能活性肽是一类能调节机体生命活动或参与生理活动的小分子肽的总称，一般由2～20个氨基酸组成。过去人们对食物来源的肽重视不够，只是将其作为营养物质来看待。而最新的研究结果表明，在食物蛋白多肽链内部普遍存在着功能区，对其进行适当的控制水解，将具有特定序列的肽段释放出来，就能获得具有不同生理功能的活性肽。

与牡蛎蛋白相比，牡蛎肽具有消化吸收好、转运速度快、人体利用率高等优势。目前制备牡蛎肽的途径可分为化学水解法、酶解法和微生物发酵法。化学水解法主要利用酸或碱等水解蛋白质，应用比较广泛，常用的酸如 HCl，常用的碱如 KOH、NaOH 等，这种方法水解过程不易控，易造成功能肽失活。酶解法是目前获得牡蛎活性肽的首选，可分为单一酶解法、复合酶解法和酸酶结合水解法等，目前多采用复合酶水解法（图3-4）。微生物发酵法的生产成本较低，在获得产物的同时还可以改善风味，但是发酵完成后，后续的提取和处理工艺较为复杂。

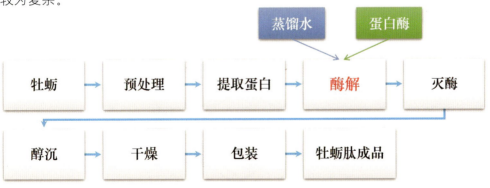

图 3-4　酶解法制备牡蛎肽的主要工艺流程

随着对牡蛎蛋白及活性肽研究的深入，越来越多的功能活性肽被挖掘出来。这些活性肽在增强人体免疫力、保护肝脏、调节血糖、预防心脑血管疾病、抑制肿瘤等方面展现出良好的作用。

（5）不饱和脂肪酸

牡蛎富含不饱和脂肪酸，尤其是 EPA 和 DHA。EPA 可以降低血液中的甘油三酯和胆固醇含量，促进血液循环，预防心脑血管疾病。DHA 又称"脑黄金"，可以促进儿童大脑和视网膜发育，增强记忆力。这两类多不饱和脂肪酸对人体健康大有裨益。

（6）3，5- 二羟基 -4- 甲氧基苄醇（DHMBA）

牡蛎中含有一种特殊的酚类物质，即 3，5- 二羟基 -4- 甲氧基苄醇（图3-5），通常被称作 DHMBA。DHMBA 是一种非常独特的抗氧化剂，它既具有迅速发挥作用的直接抗氧化能力，又具备持久的间接抗氧化能力。由于其独特的亲水亲油特性，它能够轻易地渗透到油脂多的细胞膜和细胞内部，将活性氧自由基充分氧化并消除，从而保护细胞免受氧化应激的损害。DHMBA 具有广泛的应用前景，在抗氧化、肝脏保护、大脑功能提升、体重控制、睡眠改善以及皮肤和毛发健康等方面都具有显著的功效。

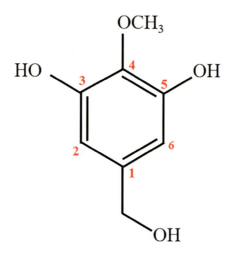

图 3-5　DHMBA 分子结构式

2　食用牡蛎有哪些健康功效?

《本草纲目》记载: "牡蛎肉甘温无毒, 煮食治虚损, 调中, 解丹毒; 生捣治酒后烦热, 止渴。炙食甚美, 令人细肌肤, 美颜色。" 《神农本草经》这样描述牡蛎: "味咸平, 主伤寒寒热, 温疟洒洒, 惊恚怒气, 除拘缓鼠瘘、女子带下赤白。久服, 强骨节, 杀邪气, 延年。" 汉代张仲景所著《伤寒论》和《金匮要略》中有很多牡蛎组方治疗疾病的方剂, 比如牡蛎茯苓汤 (牡蛎、茯苓、白术、甘草) 可用于治疗伤寒、湿热黄疸等病症, 具有清热利湿、健脾益气的功效; 柴胡加龙骨牡蛎汤可用于治疗少阳病, 具有和解营卫、疏肝解郁的功效等。随着时代的进步, 中医典籍所记载的牡蛎功效正逐步被临床医学和现代科学所证实。

(1) 增强免疫力

食用牡蛎可以激活免疫细胞, 增强机体免疫能力。细胞实验表明, 牡蛎多糖能够显著激活巨噬细胞, 生成多种促炎性细胞因子, 有利于机体增强防御功能和维持体内生态平衡。动物实验表明, 牡蛎多糖可以显著提高病毒感染小鼠的胸腺指数和脾脏指数, 增强巨噬细胞吞噬能力, 提高小鼠免疫功能。牡蛎肽则可以通过抑制小鼠肝脏细胞中多种细胞因子的分泌实现免疫调节作用。

(2) 清除自由基

自由基是人体细胞代谢的副产物。过多的自由基会引起细胞和组织的损伤, 从而导致衰老和疾病的发生。牡蛎肽具有较强的自由基清除能力, 牡蛎多糖同样能够清除体内的自由基, 减少氧化应激损伤。如科研人员从香港牡蛎中分离到一种硫酸酯杂多糖，发现该多糖能够减少体内细胞凋亡，对减少细胞氧化损伤具有重要意义。此外，科研人员从近江牡蛎中分离得到一种分子质量在110 kDa 左右的牡蛎多糖，这种多糖能够提高动物体内抗氧化酶的活性，显著抑制血清中丙二醛的生成，可提升机体抗氧化能力。

科普小知识

在中医理论中，人体的生理活动和疾病与以下几个因素密切相关：

①阴阳平衡：中医认为，人体的健康与阴阳的平衡息息相关。阴阳是中医理论中的基本概念，代表了事物相对而言的两个方面。阴阳的平衡与失衡直接影响人体的生理功能和健康状态。

②气血运行：气和血是中医理论中重要的生命物质。气血的运行畅通与否，决定了人体各个器官和组织的正常功能。如果气血运行不畅，就会导致疾病的发生。

③脏腑功能：中医将人体的器官系统分为五脏（心、肝、脾、肺、肾）和六腑（胆、胃、小肠、大肠、膀胱、三焦），每个脏腑都有其特定的功能。脏腑的功能失调是导致疾病的重要原因之一。

④经络系统：中医认为，人体内存在着一套经络系统，通过经络可以使气血运行畅通，维持身体的正常功能。如果经络受阻或不畅，就会导致疾病的发生。

⑤情志因素：中医强调情志对人体健康的影响。情志包括七种情绪：喜、怒、忧、思、悲、恐、惊。情志的过度或不当表达可以导致脏腑功能紊乱，从而引发疾病。

⑥外邪侵袭：中医认为，外邪（如风、寒、湿、热等）的侵袭是导致疾病的重要原因之一。外邪侵入人体后，会干扰正常的生理活动，导致疾病的发生。

（3）延缓衰老

衰老是由多种因素引起的，包括自然因素、环境因素和病理因素等。随着年龄的增长，人体各个组织器官逐渐衰竭、功能退化，这是正常的自然衰老过程。不良生活习惯，如长期抽烟、喝酒、熬夜、缺乏运动，会导致体内自由基堆积，加速细胞氧化和耗能，破坏正常细胞，使衰老加快。病理因素则包括慢性疾病以及营养不良等疾病，这些疾病会加速机体的衰老进程。动物实验表明，牡蛎提取物可以增加大鼠纹状皮质分子层厚度，海马 CA2 区单位面积大锥体细胞数增多，超氧化物歧化酶活性增强，丙二醛含量下降，从而起到延缓衰老的作用。

（4）护肝

过量饮酒是全球医疗面临的问题，酒精的主要成分是乙醇，乙醇的代谢部位是肝脏，长期过量饮酒会引发酒精性肝损伤。牡蛎提取物对乙醇所致肝损伤有保护作用。动物实验发现，服用牡蛎提取物的小鼠，肝内乙醇脱氢酶的含量较未服用牡蛎提取物的小鼠明显增加。长期酗酒导致肝细胞出现脂肪变性，而服用牡蛎提取物实验组的肝细胞切片则显示未见异常改变。另外，研究发现在小鼠饲料中添加牡蛎多糖可以增加肠道内的 *Lactobacillus reuteri* 和 *Roseburia intestinalis* 两个菌种的数量，通过"肠道－肝脏代谢轴"间接减轻酒精性肝损伤。

科普小知识

促炎性细胞因子在免疫调节中发挥着重要作用。当机体受到感染、损伤或免疫系统被激活时，这些细胞因子会被释放出来，其作用包括吸引和激活免疫细胞，促进炎症反应的持续和扩大，以及促进组织修复和愈合。

(5) 降血糖

糖尿病是一种以高血糖为特征的代谢性疾病。高血糖是由于胰岛素分泌缺陷或其生物作用受损，或两者兼有引起。长期存在的高血糖会导致各种组织，特别是眼、肾、心脏、血管、神经的慢性损害和功能障碍。研究发现，牡蛎肽表现出磺脲类和双胍类降糖药的降糖特性，可以促进胰岛组织的修复，保护胰岛 β 细胞。动物实验表明，饲喂牡蛎肽可以降低动物模型体内的血糖水平，但不会影响其他的生理进程，侧面验证了牡蛎肽的安全性。

(6) 抵抗皮肤光老化

长期的紫外线辐射会损伤皮肤，导致早衰现象。皮肤光老化表现为皮肤表层增厚、干燥、色素沉积等，除了影响个人的外貌特征，更重要的是有癌变的风险，影响机体健康（图 3-6）。研究发现，牡蛎酶解产物中分子量较小的蛋白肽组分能够提升人类永生化表皮（HaCaT）细胞活力，还可以改善由光照引起的皮肤增厚、水分流失等现象。

图 3-6　皮肤光老化的临床表现

（7）改善肠道菌群

有学者提出，牡蛎多糖可能是一种潜在的益生元，可以改善肠道菌群，进而达到预防疾病的目的。科研人员评估了牡蛎多糖对肠道微生物群落的影响，发现牡蛎多糖一部分可以在口腔消化液的作用下降解为小分子寡糖，未被消化的牡蛎多糖组分则可以在肠道中被进一步利用，进而调节肠道微生物的组成。

科普小知识

《本草纲目》，明朝李时珍撰，全书共 190 多万字，载有药物 1 892 种，收集医方 11 096 个，绘制精美插图 1 160 幅。该书是作者在继承和总结以前本草学成就的基础上，结合长期学习、采访所积累的大量药学知识，经过实践和钻研，历时数十年而编成的一部巨著。书中不仅考证了过去本草学中的若干错误，还提出了较为科学的药物分类方法，并反映了丰富的临床实践，集我国 16 世纪之前药学成就之大成。该书有韩、日、英、法、德等多种文字的全译本或节译本，被国外学者誉为"东方药学巨典"。

第三节　牡蛎的风味

1 什么是牡蛎的风味?

牡蛎一生都在吞吐海水，牡蛎肉在一定程度上呈现了所在区域的海水、气候、生态等特征，所以法国有"吃生蚝就如同亲吻大海"这样浪漫的说法。牡蛎的风味由滋味和气味两方面构成。滋味物质大多是水溶性、非挥发性、分子量相对较低的化合物，如游离氨基酸、肽类、核苷酸及其关联化合物、无机离子、有机酸等。牡蛎的气味则是由醛类、酮类、醇类等挥发性成分构成的。

2 牡蛎蒸多久最好吃?

牡蛎蒸煮的时间不宜过长，否则容易影响口感和风味。一般来说，如果是小个的牡蛎，蒸锅上汽后蒸 10min 左右为宜；如果是大个头的牡蛎，蒸煮的时间可以适当延长，大约 15min。另外，在蒸煮过程中无法张开壳的牡蛎，尽量不要食用。在购买牡蛎时，则要尽量选择外壳闭紧的牡蛎。

3 牡蛎的滋味是如何形成的?

牡蛎的滋味物质主要包括游离氨基酸、呈味核苷酸、呈味肽，以及有机酸、甜菜碱等。

（1）游离氨基酸

氨基酸是构成蛋白质的基本单位，不仅在生物体内扮演着重要的角色，还在食品风味方面发挥着关键作用。不同的游离氨基酸具有不同的呈味特性，如丙氨酸具有柔和的甜味，谷氨酸具有强烈的鲜味，是味精的主要成分。组氨酸的酸味较强，而苯丙氨酸则具有苦味。酸味和苦味往往会使食材的风味变得不愉快，但在一些情况下，它们也可以为食物增添独特的口感。比如，在一些传统的意大利面酱中，组氨酸的酸味可以为酱料带来爽口的口感，而在一些中式菜肴中，苯丙氨酸的苦味则被用来打造独特的菜肴风味。色氨酸的涩味比较明显，而酪氨酸则具有淡淡的金属味，是肉类烧烤特有风味的重要来源。

氨基酸的阈值也是决定其呈味特征的重要因素，一般来说，低阈值的氨基酸可以在较低的浓度下被察觉到，而高阈值的氨基酸则需要更高的浓度才能被感觉出味道。如表 3-3 所示，丙氨酸和谷氨酸都是低阈值的氨基酸，因此它们的甜味和鲜味可以在较低的浓度下被察觉到。

科普
小知识

阈值是指某一化合物可以被人的感觉器官（味觉或嗅觉）所能辨识的最低浓度。对于基本味觉来讲，典型化合物的阈值分别是：

蔗糖（甜味）0.3g/100g；

柠檬酸（酸味）0.02g/100g；

奎宁（苦味）16mg/kg；

氯化钠（咸味）0.2g/100g。

表 3-3 典型氨基酸的呈味特征及其阈值

氨基酸种类	呈味特征	阈值 /（mg/100mL）
天冬氨酸（Asp）	鲜	100
谷氨酸（Glu）	鲜	30
丝氨酸（Ser）	甜	150
甘氨酸（Gly）	甜	130
苏氨酸（Thr）	甜／苦	260
组氨酸（His）	苦	20
丙氨酸（Ala）	甜	60
精氨酸（Arg）	苦／甜	50
酪氨酸（Tyr）	苦	—
缬氨酸（Val）	甜／苦	40
蛋氨酸（Met）	苦／甜／硫味	30
色氨酸（Trp）	苦	90
苯丙氨酸（Phe）	苦	90
异亮氨酸（Ile）	苦	90
亮氨酸（Leu）	苦	190
赖氨酸（Lys）	甜／苦	50
脯氨酸（Pro）	甜／苦	300

（2）呈味核苷酸

腺苷酸（adenosine monophosphate，AMP）、肌苷酸（inosine monophosphate，IMP）和鸟苷酸（guanosine monophosphate，GMP）是典型的呈味的核苷酸，其阈值分别为 50mg/100mL、25mg/100mL 和 12.5mg/100mL。牡蛎中含量最多的呈味核苷酸是呈鲜味的 IMP，且不同地域、不同品种牡蛎中的含量有显著差异。AMP 的呈味特征与其含量有关，含量小于 100mg/100g 时通常呈甜味，大于 100mg/100g 时甜味减弱，鲜味增强。牡蛎中 AMP 的含量普遍低于100mg/100g，因此主要呈现出甜味。

另外，当呈味核苷酸与鲜味氨基酸同时存在时，可产生协同效应，这种交互作用也是呈味的关键因素之一。一般用味精当量（EUC）衡量呈味核苷酸与鲜味氨基酸的增鲜协同作用。

$$EUC \ (g \ MSG/100 \ g) = \sum a_i b_i + 1218 (\sum a_i b_i)(\sum a_j b_j)$$

式中：1218 为协同作用常数；

a_i 为鲜味氨基酸的量 /（g/100g）；

b_i 为鲜味氨基酸相对于 MSG 的鲜味系数（Glu1.0；Asp0.077）；

a_j 呈味核苷酸的量 /（g/100g）；

b_j 为呈味核苷酸相对于 IMP 的鲜味系数（AMP0.18；IMP1.0；

GMP2.3）。

(3) 呈味肽

呈味肽是从食物中提取、由蛋白水解或由氨基酸合成得到的对风味具有贡献的小分子肽，可分为甜味肽、苦味肽、酸味肽、咸味肽和鲜味肽等，其呈味特征与氨基酸序列、空间结构以及食品基质等因素有关。科研人员从牡蛎中分离得到多种呈鲜味的肽，其氨基酸序列分别为：PheGlyGlyAlaGlyAlaLeuHis、Thr—GlySerSerProAlaGlyGlu。

在食品工业中，呈味肽能使食品的总体味感协调、细腻、醇厚，是复合调味品的重要基料。此外，呈味肽还具有减盐、减糖的作用，以及降血压、消炎、抗氧化等潜在功效。

科普小知识

除酸、甜、苦、咸、鲜5种基本味觉以外，近年来科研人员提出了第六种味觉"Kokumi"，Kokumi（こく味）源自日语，其字面意思是"丰富的味道"，特指食物的浓厚感、持续感和复杂感。Kokumi物质存在于牡蛎、酵母、鱼露、奶酪、啤酒、大豆提取物等食材中，引起了科研人员和企业产品研发人员的广泛关注。

味之素株式会社注册的Kokumi商标

（4）有机酸

牡蛎中呈味的有机酸主要是琥珀酸和乳酸，尤其是琥珀酸在牡蛎中的含量较高，如长牡蛎软体部中的琥珀酸含量可以达到 0.7mg/100g（以湿基计）。琥珀酸钠本身就具有鲜味，当其与氯化钠、谷氨酸钠、醋酸、柠檬酸等同存时，还可产生协同增鲜效应。

（5）甜菜碱

甜菜碱是一种生物碱，化学名称为 $N,N,N-$ 三甲基甘氨酸，化学结构与氨基酸相似，属季铵碱类物质，分子式为 $C_5H_{11}NO_2$（图 3-7）。甜菜碱类化合物对水产品甜味有重要贡献，我国沿海养殖牡蛎软体部甜菜碱含量大致在 300～1 000mg/100g 范围内。牡蛎体内甜菜碱含量与其养殖海域环境、生长过程中的食物来源以及甜菜碱体内合成的生物学机制等有关。

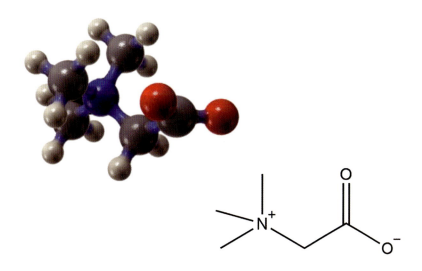

图 3-7 甜菜碱的化学结构式

在对水产品的滋味进行评价时，感官评定的方法直观、快速，但受主观因素的影响，误差往往较大。采用生化指标的方法，虽然结果较为准确，但过程烦琐、需时较长。近年来，食品品质评价的新技术发展迅速。其中，电子舌可以模拟人的味觉识别系统，通过量化数据提高评价的科学性和精准度，在食品滋味研究中得到越来越多的应用。

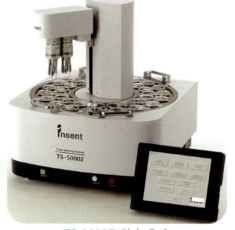

TS-5000Z 型电子舌

4 牡蛎的气味是如何形成的?

牡蛎的气味主要是由醛、酮、醇等挥发性物质产生的。而不同品种、地域、季节、规格的牡蛎，其主要的挥发性物质也有很大的不同。比如，长牡蛎中主要的挥发性物质包括：己醛、庚醛、4-乙基苯甲醛、壬醛、2-戊基呋喃、3-辛酮、2-壬酮等。科研人员从香港牡蛎中检测到43种挥发性成分，其中 (E,Z)-2,6-壬二烯醛（黄瓜味）、(E)-2-辛烯醛（黄瓜味）、(E)-2-癸烯醛（肉香）、十二醛（脂香）、1-辛烯-3-醇（蘑菇味）等对牡蛎愉悦气味有贡献，而 (E,E)-2,4-壬二烯醛、二甲基硫醚则是造成牡蛎腥味的主要成分。

科普
小知识

气相色谱-质谱联用法（GC-MS）、气相色谱-吸闻法（GC-O）是目前研究水产品气味普遍采用的方法。气相色谱-离子迁移谱法（GS-IMS）是近年来新兴的一种分析方法，具有选择性好、灵敏度高、分析速度快、体积小、能耗低等优点，为水产品挥发性成分的检测提供了一种更为便捷的技术手段。

德国 G.A.S. 气相色谱-离子迁移谱仪

消费者如何选牡蛎？

第四章

牡蛎育苗与养殖

第一节　牡蛎的人工育苗

　　牡蛎是我国传统四大养殖贝类之一，早在宋朝便有插竹养殖的记载。长期以来，得益于丰富的天然苗种资源，我国牡蛎养殖主要依赖自然海区半人工采苗方式生产的苗种。近年来，随着牡蛎养殖技术的不断完善和新品种的大力推广，特别是三倍体牡蛎和单体牡蛎养殖的迅速发展，对牡蛎苗种的需求量不断增大，仅靠传统的半人工采苗已无法满足养殖生产需求。

　　牡蛎的人工育苗是将牡蛎亲贝暂养于室内或近海区域，经促熟、产卵、受精、孵化、幼虫培育等生产牡蛎苗种的过程。自 20 世纪 80 年代以来，国内先后开展了长牡蛎、香港牡蛎、福建牡蛎、近江牡蛎等多种牡蛎的人工育苗并获成功，有效保障了牡蛎养殖的苗种来源和养殖生产。

1　牡蛎人工育苗过程有哪些关键控制点？

　　牡蛎常规人工育苗过程中的关键控制点主要包括：亲贝的选择与蓄养、采卵与孵化、幼虫培育、采苗器的投放、稚贝培育和稚贝中间暂养。此外，生产单体牡蛎需在牡蛎幼虫出现眼点即将变态时，对其进行一系列的处理，使之成为单个游离的牡蛎。而诱导法生产三倍体牡蛎时则需利用理化方法抑制受精卵极体的释放，从而获得三倍体，或者利用四倍体与二倍体杂交获得三倍体。

2　牡蛎育苗的亲贝是如何挑选和蓄养的？

　　可繁殖贝苗的、性腺已成熟的成贝即为亲贝。用作亲贝的牡蛎应规格一致、体质健壮、无损伤、无病害。用作亲贝的牡蛎以 2～3 龄、体重 40g 以上，或者壳高 8cm 以上为宜。同时应活力好，贝壳开闭有力，性腺饱满（图 4-1）。

亲贝入池蓄养前要将其洗刷干净，除去污物和附着物，并分离成单体。一般采用浮动网箱或网笼吊养，蓄养密度视个体大小而定，一般 40～60 个 /m³。蓄养过程中需重点关注水温、水质、溶解氧和性腺发育等，及时开展换水、投饵、充气和肥满度监测。山东沿海常温育苗时，长牡蛎亲贝入池时间一般在 5 月末 6 月初，水温 15～17℃；升温育苗时，亲贝蓄养可从 1-3 月开始，培育前期每天升温 1～2℃，水温达 15℃以上时，日升温 0.5～1℃，至 20℃左右，稳定培育。亲贝蓄养时饵料以硅藻、金藻或扁藻等单胞藻为主，饵料不足时亦可投喂鼠尾藻磨碎液及淀粉、螺旋藻粉等代用饵料，并定期更换经过净化的海水。对繁殖期内或已完全性成熟的亲贝，则不需要放入水中蓄养，以免受刺激后将成熟的性细胞排出，造成损失，此时可将亲贝暂放于阴凉处，2d 内完成授精即可。

图 4-1　牡蛎亲体

3 牡蛎育苗是如何进行采卵和孵化的?

　　牡蛎的精子卵子可以通过自然排放、诱导排放或解剖方法获得。自然排放和诱导排放的优点是不杀伤亲贝，卵子成熟较好，缺点是往往精子过多，影响受精卵孵化率。因此发现雄贝排精后应尽快将其挑出，以避免精液过多。也可以在亲贝产卵后先静止 1 ~ 2h，用虹吸法吸去上层含有大量精子的海水，再补充洁净的海水。解剖取卵可以避免精子过多，但卵子发育同步性较差。为解决这个问题，可以在受精前先将卵子在海水中短暂浸泡激活（图 4-2），以促进卵子进一步成熟，从而提高卵子的受精率。

图 4-2　牡蛎精卵采集

　　卵子受精后需转入孵化池内进行孵化（图 4-3），孵化密度一般以 30 ~ 50 粒/mL 为宜。为防止受精卵沉积影响胚胎发育，可每隔 20min 用搅耙轻搅池水，也可采用连续微量充气。孵化 6 ~ 8h 后，胚胎开始转动上浮。一般经过 22 ~ 24 h 可发育成 D 形幼虫。胚胎全部发育到 D 形幼虫后，应用 300 目筛网将 D 形幼虫选出，转移到新池中培育。为防止杂质随幼虫进入新池中，可用稍大网目（100 目）的筛绢做成网箱，将幼虫导入新池的网箱中，使幼虫透过筛绢自由疏散到网箱外，而杂质则留在网箱中。

图 4-3　牡蛎授精现场与受精卵孵化池

4 如何培育牡蛎幼虫？

牡蛎的幼虫培育是指从 D 形幼虫开始到幼虫附着变态为稚贝这一阶段，一般会经历 D 形幼虫期、壳顶幼虫期、眼点幼虫期（图 4-4）。

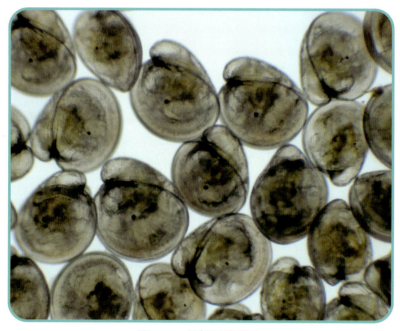

图 4-4 牡蛎眼点幼虫

幼虫培育期管理如图 4-5 所示，幼虫培育的适宜密度为 8 ~ 15 个 /mL，随着幼虫的生长，可适当降低密度。每日换水 2 ~ 3 次，每次换水 1/3 ~ 1/2 水体，换水温差不要超过 2℃。发育到 D 形幼虫后即开始投喂饵料，饵料以金藻为主，混合投喂扁藻、角毛藻等。幼虫培育前期，金藻效果较好；当幼虫壳长至 110 ~ 130μm 时，生长速度加快，可以大量摄食扁藻。投饵量应根据幼虫的摄食情况和不同发育阶段进行调整。一般日投饵 4 ~ 6 次，在换水后投喂。坚持"勤投少投"的原则，禁止使用污染和变质的饵料。在幼虫培育过程中，应每天监测幼虫的生长发育情况。一般从 D 形幼虫至壳顶初期幼虫，壳长平均日增长 6 ~ 8μm。壳顶幼虫阶段，壳长平均日增长 10 ~ 15μm。在水温 23℃ 以上、饵料充足的情况下，壳顶中、后期幼虫的壳长平均日增长可达 20μm。牡蛎幼虫培育过程中，一般要求 pH 8.0 ~ 8.4，溶解氧含量高于 4.5mg/L，氨态氮含量低于 0.1mg/L。幼虫培育过程中，还要控制光照强度，一般在 100lx 为宜。光照过强，幼虫易下沉；光照不均匀，幼虫易局部聚集。

倒池

苗种状态观察

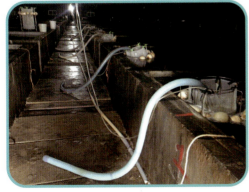
换水

投饵

图 4-5　幼虫培育期间的管理

如何采苗?

牡蛎的幼虫在水中经过一段时间的浮游生活之后，便要固着下来，变态发育为稚贝，这时便可投放采苗器采苗。常用的采苗器有牡蛎壳、扇贝壳 (图 4-6)、蜡壳、塑料板（盘）、橡胶胎、瓦片、水泥饼等。采苗器的投放时间应在幼虫即将变态之前。

图 4-6　扇贝壳采苗器与牡蛎幼体

在水温 20 ～ 23℃条件下，长牡蛎的幼虫培育到 20d 左右，壳长达 280 ～ 300μm，幼虫中有 30% 出现眼点时，即可投放采苗器，或者筛选牡蛎眼点幼虫放入新池中，再投放采苗器进行采苗。将采苗器串联成串后垂挂于池中 (图 4-7)，也可平铺于池底或放入扇贝笼中采苗 (图 4-8)。采苗以稚贝密度 0.25 ～ 0.5

个/cm² 为宜。以贝壳为采苗器时，一般每壳附苗 20 个即可。为防止附苗密度过大，可将密度较大的幼虫池分为多池后再采苗，或者多次采苗，即将采苗器分批投入并及时出池。

图 4-7　扇贝壳附着基

图 4-8　牡蛎苗种采集

6 什么是单体牡蛎？

牡蛎具有群聚的生活习性，常多个固着在一起。这种群聚习性不仅造成牡蛎间的食物竞争，影响其生长速度，而且由于生长空间的限制，个体间大小相差悬殊，壳形极不规则，大大影响了商品牡蛎成贝的美观性。单体牡蛎即单个的、不固着、游离的牡蛎，也称无基牡蛎。单体牡蛎在不固着的情况下就能正常生活，其生长不受空间限制，壳形规则，大小均匀，便于放养、收获、装运和加工，因此成为国内外牡蛎养殖行业的热点。

7 如何进行单体牡蛎育苗？

单体牡蛎育苗相比于常规育苗只在幼虫附着阶段有区别。单体牡蛎的制成是在牡蛎幼虫出现眼点即将变态时，对其进行一系列的处理，使之成为单个游离的牡蛎。图4-9是用于单体牡蛎育苗的器具。

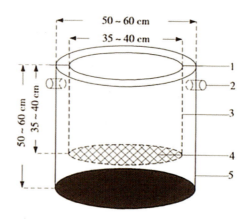

图4-9　用于单体牡蛎育苗的器具

1.塑料管　2.出水口　3.内桶　4.筛绢　5.外桶

注：引自 SC/T 2107—2021。

目前，单体牡蛎苗种的生产可以分为物理法和化学法两类。

物理方法主要有两种。一种是先固着后脱基法，即使用易弯曲的材料（如聚乙烯波纹板、聚乙烯塑料、聚丙烯包装袋等）作为附着基，待牡蛎附着后，当稚贝生长到壳长 1.0 ~ 1.5cm 时，通过弯曲附着基或搓揉使之从附着基上脱落，从而获得单体牡蛎。脱基方法简单易行，但需要特殊的固着基，使用质地较硬的固着基时脱基困难，蛎苗易被剥碎，同时稚贝须长到一定的大小，过早脱基容易损伤稚贝。另一种方法是颗粒固着基法，采用微细的贝壳碎屑或石英砂等其他微粒作为牡蛎幼虫的固着基，让牡蛎幼虫固着变态，变态后的稚贝生长速度较快，成为单个的、游离的蛎苗。颗粒的大小一般与附着期幼虫的壳长相近，如使用粒径 0.3 ~ 0.5mm 的贝壳粉、细沙粒作为固着基等。

化学方法是使用肾上腺素和去甲肾上腺素等化学药品诱导牡蛎的眼点幼虫，使其不固着而变态为稚贝，从而形成单体牡蛎。对不同牡蛎品种诱导使用的药物浓度和诱导持续时间略有差别。以诱导长牡蛎为例，80% 以上幼虫出现眼点，足部清晰可见、伸缩有力时，将幼虫用 100 目筛绢浓缩在水槽中，密度控制在 800 ~ 1 000 个 /mL，向水体中加入浓度为 1×10^{-4}mol/L 的肾上腺素，持续处理 2 ~ 5h，诱导期间连续充气，每 30min 用搅耙搅动一次。诱导结束后，用过滤海水冲洗 15 ~ 20min，移入用 100 目筛绢制成的网箱或者下降流培育装置中流水培育。经肾上腺素处理的幼虫立即下沉，并开始变态。当幼虫密度较大时，为防止互相重叠积压造成缺氧死亡，须连续充气。传统的育苗工艺单位水体的出苗量有限，而使用肾上腺素诱导的方法生产单体牡蛎，单位水体出苗量的潜力很大，即便是在稚贝重叠积压的情况下，只要满足充气条件，稚贝仍可以正常生长。

8 什么是三倍体牡蛎？

　　三倍体牡蛎是指每个体细胞中含有三个染色体组的牡蛎。从细胞遗传学角度来看，三倍体是非偶数染色体组，阻碍了生殖细胞正常的减数分裂，所以常常导致性腺发育的衰退或非整倍体配子的产生。三倍体牡蛎最明显的优势在于其具有高度不育性，只有极少能量用于性腺发育，而更多的能量用于生长。因此，三倍体牡蛎生长速度较二倍体普遍提高 30% ~ 80%，且抗病、抗逆性强，存活率高，同时在繁殖季节也能保持良好的肉质（图 4-10）。

图 4-10　二倍体牡蛎（左）与三倍体牡蛎（右）比较

9 如何培育三倍体牡蛎？

目前，规模化生产三倍体牡蛎的方法是利用四倍体与二倍体杂交得到100%的三倍体牡蛎个体。由于四倍体的亲贝数量有限，生产上一般采用二倍体牡蛎的卵子与四倍体牡蛎的精子进行授精的方法获得三倍体。采用人工解剖的方式获取卵液和精液，经人工授精后获得受精卵，并采用常规牡蛎人工育苗方式进行培育管理。通过四倍体与二倍体杂交这种生物杂交方法获得三倍体，操作简单，易于推广，避免了理化处理对胚胎发育的影响，能提高胚胎孵化率和幼虫成活率，是生产三倍体牡蛎的最佳方法。这种方法适合于规模化生产，其关键环节是四倍体的获得。

如何获得三倍体牡蛎？

多倍体牡蛎吃起来安全吗？

10 如何获得四倍体牡蛎?

四倍体牡蛎的诱导方法有两种。一种是利用二倍体直接诱导四倍体，利用理化方法使二倍体的染色体加倍直接产生四倍体。具体方法包括：抑制第一极体或同时抑制两个极体的释放、抑制第一次卵裂、细胞融合和人工雌核发育等。然而，这种方法产生的四倍体成活率较低，成体存活的情况很少。

另一种方法是利用三倍体诱导四倍体，利用三倍体牡蛎产生的卵子与正常精子结合，然后抑制第一极体，可产生存活的四倍体。科研人员已经成功地利用这种方法获得了可存活的四倍体牡蛎。早在1994年，就有研究人员利用三倍体长牡蛎的卵与正常精子结合，通过抑制第一极体的排放，成功获得了可存活的四倍体长牡蛎。

科普小知识

多倍体是指由受精卵发育而成，且体细胞中含有3个或3个以上染色体组的个体。多倍体生物不是转基因品种，不含有任何外源基因，在自然界广泛存在。我们常吃的小麦、水稻、玉米、香蕉、草莓等都是天然多倍体。

第二节　牡蛎养殖

1 我国牡蛎养殖产业的发展现状如何？

（1）养殖产量

　　牡蛎是中国传统四大养殖贝类之一，沿海各地都有养殖。我国是世界上开展牡蛎养殖最早的国家，至今已有 2 000 多年的养殖历史。长期的摸索和实践使牡蛎养殖方法不断提高和完善，尤其是室内工厂化人工育苗技术的突破，给养殖带来充足的苗种。苗种来源逐渐由自然海区的半人工采苗转变为室内人工育苗，养殖模式也从滩涂养殖逐渐转变为浅海筏式二段式接力养殖为主的模式。据《中国渔业统计年鉴》数据，我国牡蛎养殖产量不断增长，年产量由 2018 年的 460.57 万 t 增长至 2022 年的 619.95 万 t（图 4-11）。目前，牡蛎已成为中国海水养殖产量最大的主养种类，我国也成为世界上牡蛎养殖产量最高的国家。

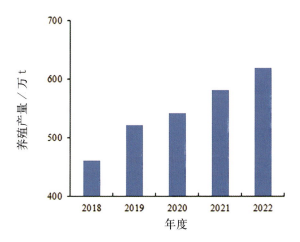

图 4-11　2018—2022 年中国牡蛎养殖产量

注：数据来源于《中国渔业统计年鉴》。

（2）养殖面积

我国牡蛎养殖规模也在不断扩大，2018 年养殖面积为 144 377hm²。近些年，养殖面积增长迅速，2020 年达到 164 934hm²，比 2019 年增长 13.68%；2021 年牡蛎养殖面积达到 211 615hm²，同比增长 28.3%；2022 年牡蛎养殖面积增至 234 954hm²（图 4-12）。

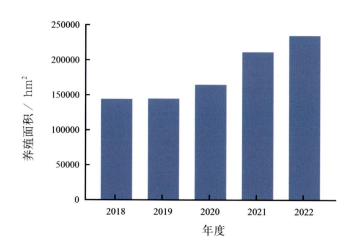

图 4-12　2018—2022 年中国牡蛎养殖面积

注：数据来源于《中国渔业统计年鉴》。

（3）区域分布

我国沿海各省份几乎都有牡蛎养殖，其中，福建、山东、广东、广西、辽宁等省份的牡蛎养殖规模较大、养殖产量居全国前列。2022 年，福建、山东、广东三省牡蛎养殖产量居于全国三甲，分别为 212.73 万 t、131.91 万 t、115.14 万 t，共占全国牡蛎养殖总产量的 74.16%（图 4-13）。

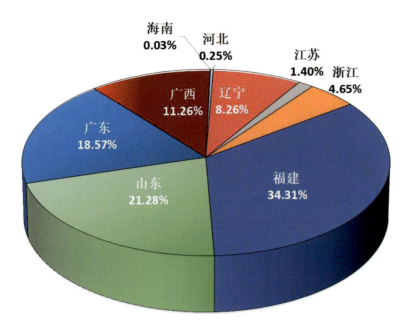

图 4-13　2022 年中国牡蛎养殖产量区域分布

注：数据来源于《中国渔业统计年鉴》。

我国近些年牡蛎养殖情况怎么样？

2 牡蛎养殖有哪些方式?

我国沿海各地牡蛎养殖方法很多，根据养殖场所的不同基本可以分为滩涂养殖、浅海养殖和池塘养殖。其中，滩涂养殖包括插竹养殖、投石养殖、立石养殖、网箱养殖、立桩养殖、滩涂播养等养殖方式；浅海养殖分为栅式养殖和浮筏式养殖；而池塘养殖主要是利用养殖池实行牡蛎、虾等多物种混养。

牡蛎的主要养殖方式有哪些？

3 牡蛎主要养殖方式各自有什么特点?

（1）筏式养殖

筏式养殖适用于潮流畅通、饵料丰富、风浪平静、退潮后水深在 4m 以上的海区，结构大小因地而异，没有统一规格。筏式养殖适合以贝壳做附着基或是无附着基牡蛎的养殖，包括吊绳养殖和网笼养殖两种养殖方式。吊绳养殖是将固着蛎苗的贝壳用绳索串联成串，吊养于筏架上，或者将固着蛎苗的贝壳夹在直径 3.0 ～ 3.5cm 的聚乙烯绳的拧缝中，垂挂于浮筏上。网笼养殖则是将蛎苗连同贝壳一起装入网笼中，在浮梗上吊养。

根据养殖筏的不同，筏式养殖通常有竹木筏和浮子延绳筏两种方式。其中，竹木筏通常用毛竹扎成，每台筏用6～9个浮桶或其他浮子提供浮力，并以锚固定于海底，将采苗的附着器悬挂在筏子上进行养殖（图4-14）。竹木筏多见于广东近岸内湾，主要养殖香港牡蛎。浮子延绳筏主要在较深水域（图4-15），是当前国内牡蛎养殖最常见的养殖方式，主要养殖长牡蛎、福建牡蛎和近江牡蛎等。

图 4-14　竹木筏养殖

图 4-15　浮子延绳筏养殖

(2) 栅式养殖

栅式养殖是采用水泥钢筋制件或木杆作栅架，以蛎壳、水泥附着器等作为采苗器的一种养殖方式（图4-16、图4-17）。在有淡水流入、水质肥沃、风浪小、潮流畅通、水深2～3m的场地，均可进行栅式养殖。栅架除承挂采苗器外，自身也可附着蛎苗，因此栅架的设置一般在采苗期内完成。此外，还应及时调节吊挂水层。夏季水温高时，为了减少苔藓虫、石灰虫等的附着，可缩短吊养深度，增加露空时间；养殖后期，可加大吊养深度，增加牡蛎的摄食时间，促进生长。

图4-16 栅式养殖

图 4-17　栅式养殖

（3）立石养殖

立石养殖是利用石条、水泥条或水泥板竖立或斜搭在中潮区作为采苗器、采苗后原地养殖的一种养殖方式（图 4-18）。一般石条或水泥条的规格为 100cm×20cm×10cm，水泥板的规格为 80cm×10cm×5cm。采苗时，在中潮区附近的底质较硬的滩涂上，将石条直立于底质中，或紧密排列成"人"字形，十几块至几十块石条为一组，石条与地面呈 60°角。立石采苗后，如果蛎苗固着太少，而其他生物固着太多，则需清刷固着器，进行第二次采苗。如果蛎苗固着太多，则应进行人工疏苗，去掉一部分牡蛎苗。这种养殖方式，只要苗种密度适宜，稍加管理即可，整个管理工作比较简单。

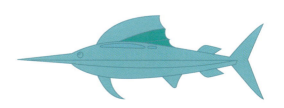

图 4-18　立石养殖

（4）插竹养殖

　　插竹养殖是利用竹子作为采苗器的一种养殖方式，在福建省和台湾省进行福建牡蛎养殖时多采用这种方法。该方法通常是将直径约 1 ～ 5cm 的竹竿截成长度 1m 左右，以 5 ～ 6 根为一束，呈倒漏斗状插在风浪小、泥沙底质的潮间带（图 4-19）。采苗时定期转换蛎竹的阴阳面，使蛎苗固着均匀。采苗后，将采到的蛎苗就地稀疏养殖。这种方式能有效地利用潮间带水域，单位面积产量高，操作方便。

图 4-19　插竹养殖

（5）网箱养殖

网箱养殖是近年来逐渐兴起的、以精养单体牡蛎为目的的养殖方式，主要利用各种箱形或框型养殖模具作为网箱，于风浪较小、潮流畅通的内湾将网箱串联排列，以此开展单体牡蛎养殖（图 4-20）。该种模式产出的牡蛎壳形规则、大小均匀、价格较高，适于高端消费市场。

图 4-20　网箱养殖

(6) 投石养殖

投石养殖是以石块、水泥（瓦）或牡蛎壳黏结在一起成簇状作为采苗器采苗并进行后续养殖的一种方式（图 4-21）。所采用的石块用量一般为 150 ~ 300m³/hm²，牡蛎壳用量为 120 ~ 150m³/hm²，水泥瓦用量为 4.5 ~ 7.5 万片 /hm²。该类采苗器的排列方式有满天星式、梅花式和行列式三种。满天星式是将蛎石均匀地分散在养殖场地，每亩投蛎石 3 000 ~ 5 000 块，适用于深水区。梅花式是以 5 ~ 6 块蛎石堆成一堆，呈梅花形，每堆间距 30 ~ 50cm。行列式是将蛎石成行排列在养殖场，每行宽度约 30 ~ 60cm，行的长度与蛎田的幅宽相等，行距为 50 ~ 100cm。簇状牡蛎壳排列方式与石块相似。水泥瓦可以搭架成屋状堆放，也称为"蛎屋"，以尽量增加阴面，提高附苗量。香港牡蛎、福建牡蛎都可采用投石养殖。但在底质较软的滩涂，石块容易下陷，不宜采用投石养殖。

图 4-21　投石养殖

（7）滩涂播养

滩涂播养是较为简便的一种牡蛎养殖方式，是将牡蛎苗从采苗器或潮间带的岩石上剥离下来或利用人工培育的单体苗种，按照一定的放养密度，播撒到泥滩或泥沙底质的滩涂上，牡蛎即可在滩涂上滤食生长（图4-22）。由于它不需要固着器材，具有成本低、操作简便、易管理、能充分利用滩涂等优点。

近年来，牡蛎筏式养殖方式在国内南北沿海得到广泛推广，养殖效率较高。与此同时，受国内海岸带生态保护政策的影响，传统牡蛎养殖方式如滩涂播养、投石养殖等的养殖规模逐渐减少。随着养殖技术的不断完善和改进，特别是机械化、自动化、信息化和智能化程度的逐渐提升，我国牡蛎养殖方式仍将进一步升级，兼顾生态效益和经济效益，助力牡蛎养殖业健康、稳定、持续发展。

图 4-22　滩涂养殖

4　牡蛎养殖多久可以收获？

　　牡蛎的收获年龄因种类不同而异，福建牡蛎一般 1 龄就可收获，长牡蛎和近江牡蛎在 1 ～ 2 龄时可以收获。在饵料充足、水流畅通的滩涂及深水海区养殖的牡蛎，生长较快，可提前收获；而在水质贫瘠海区养殖的牡蛎，往往需育肥后才能收获。牡蛎的收获季节主要依据个体的肥满度而定，一般 10 月至翌年 5 月是牡蛎最饱满肥美的季节。5 月以后，牡蛎的性腺过于肥满，俗称"起粉"，口感较差，加工的成品质量较差，加工时牡蛎容易破烂，炼出的蛎油也带粉质。而三倍体牡蛎由于性腺发育程度极低，高度不育，达到商品规格大小后全年均可收获。

5 牡蛎如何收获?

对于潮间带底播养殖的牡蛎,可采用底拖网或蛎耙进行采收。而对于深水区筏式养殖,常用吊杆把牡蛎串取至船上,且机械化作业越来越多。日本收获牡蛎采用带有自动起臂机的采捕船,先将牡蛎养成绳吊起,然后剪断养成绳的扣结,牡蛎连同贝壳固着器落入储藏舱,最后运到岸上进行加工。欧美国家研制的牡蛎采收机有循环运输带式、自动转车式、滑橇式、水压式和联动式等多种类型,这些采收机主要适用于底播养殖或海底天然生长的牡蛎。

现在,我国研究团队研究出了以牡蛎吊养筏架牵引、水下提升输送、脱料、主筏架导向、高压喷淋清洗等设备,集成研发了牡蛎机械化采收作业平台,构建了筏式吊养牡蛎机械化采收与清洗一体化作业系统(图4-23)。与传统人工作业方式相比,该系统生产效率提高10倍,节省人工90%,采收率从91%提高到99%以上,有效解决了目前牡蛎养殖收获生产中劳动力严重紧缺问题。

图4-23 延绳吊养牡蛎机械化采收装备

牡蛎是如何收获的？

6 牡蛎养殖对环境有什么要求？

牡蛎养殖对环境的要求包括非生物环境和生物环境两个方面。

非生物环境主要体现在温度、盐度、水深等方面。不同牡蛎品种对环境条件，特别是温度和盐度的要求有很大的差别，如长牡蛎分布于黄海、渤海一带，生活在远离河口的高盐度海区；近江牡蛎对温度适应能力强，在热带到亚寒带地区都有分布，但多栖息在河口附近盐度较低的内湾；福建牡蛎适应盐度能力较强，多生活在盐度多变的潮间带；密鳞牡蛎是广温狭盐性种类，仅适合生活在高盐度的海水里。牡蛎的垂直分布也依种类而不同。近江牡蛎一般生活在低潮线附近至水深 7m 以内；福建牡蛎则分布于中、低潮区及低潮线附近；密鳞牡蛎分布于较深的海区；长牡蛎一般分布于低潮线附近至 10m 深的浅海。

生物环境则主要体现在食料与灾害、敌害。牡蛎是滤食性贝类，只对食物的重量和大小有选择性，对食物种类是没有严格选择的。这些食料包括有机碎屑、浮游生物、有益菌等。因此，不同海区环境中牡蛎食料的种类也会不同。牡蛎的灾敌害可分为非生物性灾害和生物性敌害。非生物性的灾害包括灾害性海浪、海冰、风暴潮、高温等；生物敌害包括肉食性鱼类、肉食性腹足类、甲壳类、棘皮动物等以牡蛎幼体或成体为食的海洋生物，如扁玉螺、多棘海盘车、疣荔枝螺等（图 4-24）。

多棘海盘车

疣荔枝螺

扁玉螺

图 4-24　牡蛎养殖部分敌害生物

7 牡蛎养殖有哪些生态效益?

长期以来，牡蛎作为重要的优质蛋白来源被大众广为接受，而牡蛎在水体净化、能量耦合、海洋碳汇等方面的重要价值直至 20 世纪末才逐渐被认可。作为典型的滤食性贝类，牡蛎不断过滤水体中的悬浮物和单细胞藻类，从而提高水体的透明度。同时，牡蛎还可以吸收水体中有机氮化合物，并通过促进周围沉积物中的反硝化作用来帮助清除水体中多余的营养物质，避免水体富营养化和有害藻华暴发。牡蛎将水体中颗粒有机物以假粪的形式输送到沉积物表面，是维持底栖生态系统能量流动的重要动力，同时促进海藻、海草等植物的生长。研究发现，水温 30℃ 时，壳高 90mm 的 1 ~ 2 龄香港牡蛎单个体每小时滤水量达到 29.8L。此外，牡蛎对锌、镉等重金属有生物富集作用，能够减轻水体污染。

碳储存是牡蛎的重要生态功能之一。牡蛎利用钙化作用将海水中 HCO_3^-（碳酸氢根）转化为 $CaCO_3$（碳酸盐）壳体，从而长期地储存大量碳，因此牡蛎具有极大的储碳能力。据评估，长江口牡蛎礁单位面积年储碳量为 2.70kg/m²，年储碳量达 3.33×10^4t。按照每公顷森林吸收固定二氧化碳 150.47t 计算，我国牡蛎养殖活动约等于每年增加造林面积 1.26 万 hm²。

牡蛎礁（图 4-25）是一种关键的海岸带栖息地，是海岸带生态系统的重要一员，为维持近海生物多样性和生态系统稳定提供了重要的生态系统服务功能。

牡蛎礁生态系统食物网结构复杂，生物多样性水平较高。牡蛎礁和牡蛎床表面的复杂结构利于细小颗粒物沉积和底栖藻类生长，吸引鱼类和各种大型无脊椎动物，并为其提供避敌场所，提高成活率，从而提高牡蛎礁区渔业产出。此外，牡蛎壳可以用作改良土质，或作为增加钙元素的饲料添加剂，助力农业和畜牧业发展。

图 4-25　牡蛎礁

科普
小知识

　　碳元素以不同的形态存在于自然界，从而形成碳的储存库。在对温室气体的研究中，碳源与碳汇是一组相对的概念。碳源是指向大气中释放碳的过程、活动或者机制。碳汇是指通过种种措施吸收大气中的二氧化碳，从而减少温室气体在大气中浓度的过程、活动或机制。

　　按照碳汇和碳源的定义以及海洋生物固碳的特点，碳汇渔业是指通过渔业生产活动促进水生生物吸收水体中的二氧化碳，并通过收获把这些碳移出水体的过程和机制，也被称为"可移出的碳汇"。碳汇渔业能够充分发挥碳汇功能，直接或间接吸收并储存水体中的二氧化碳，降低大气中的二氧化碳浓度，进而减缓水体酸化和气候变暖。

第五章

牡蛎保鲜与加工

第一节　牡蛎净化

1 牡蛎有哪些潜在的食用安全风险？

牡蛎多生长在浅海区域，其生长位置相对稳定。作为一种滤食性动物，牡蛎容易从生长环境中富集污染物。因此，牡蛎的质量安全与其生长的水域环境密切相关。一旦水质受到污染，牡蛎产品的质量安全将受到威胁。当人类食用受到污染的牡蛎时，可能会引发腹痛、腹泻、发热、恶心等感染或中毒症状，甚至可能导致人体免疫功能受损，对人类健康构成一定的威胁。影响牡蛎食用安全性的潜在风险如表 5-1 所示。

按照污染物性质，可以分为以下三类：

（1）微生物污染

微生物污染是牡蛎污染中风险最高的一种，可以分为细菌和病毒两类。其中污染率最高的是副溶血性弧菌和诺如病毒，二者均可引起急性肠胃炎，主要症状是呕吐、腹泻、恶心和腹部痉挛等。虽然病毒性胃肠炎的死亡率仅为 0.1%（大多数死亡病例发生在年幼及年长者），但其高发病率给国家的医疗和财政带来了巨大的负担。在我国，目前牡蛎的主要食用方式是熟食，这在一定程度上规避了风险。然而，近年来生食消费的增加以及不当的烹饪方式使得牡蛎的食用安全风险不容忽视。

表 5-1　食用牡蛎相关的潜在安全风险

风险种类		污染物
感染	细菌	副溶血性弧菌 (*Vibrio parahemolyticus*)
		创伤弧菌 (*V. vulnificus*)
		霍乱弧菌 (*V. cholerae*)
		沙门氏菌 (*Salmonella*)
		单增李斯特菌 (*Listeria monocytogenes*)
		金黄葡萄球菌 (*Staphylococcus aureus*)
	病毒	诺如病毒 (Norovirus, NV)
		甲型肝炎病毒 (Hepatitis A virus, HAV)
		轮状病毒 (Rotavirus, RV)
中毒	化学	汞 (Hg)
		镉 (Cd)
		铅 (Pb)
		多氯联苯 (PCBs)
		多环芳烃 (PAHs)
		二噁英 (PCDD/Fs)
		农药
	毒素	麻痹性贝类毒素 (paralytic shellfish poisoning, PSP)
		腹泻性贝类毒素 (diarrhetic shellfish poisoning, DSP)
		记忆缺失性贝类毒素 (amnesic shellfish poisoning, ASP)
		神经性贝类毒素 (neurotoxic shellfish poison, NSP)

科普
小知识

1972 年，Kapikian 等科学家在美国诺瓦克市爆发的一次急性腹泻的患者粪便中分离出一种病毒病原，命名为诺瓦克病毒。此后，世界各地陆续发现了多种形态与之相似但抗原性略异的病毒样颗粒。2002 年 8 月，第八届国际病毒命名委员会正式将该病毒命名为诺如病毒。

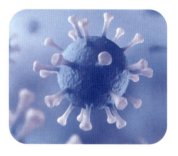

（2）贝类毒素污染

牡蛎中的生物毒素是重要的安全隐患，直接关系到消费者的生命安全。贝类毒素有很多种类，其中常见的包括麻痹性贝类毒素（PSP）、腹泻性贝类毒素（DSP）、记忆缺失性贝类毒素（ASP）、神经性贝类毒素（NSP）。虽然贝类毒素在牡蛎中的检出率和含量不高，但作为一种高毒性的生物毒素，其对产业发展和消费安全的危害仍然需要引起足够的重视。

（3）化学污染

化学污染物主要包括化学农药、有害重金属和有机污染物等，它们是影响水产动物生长和消费者健康安全的重要因素。化学农药可伴随降雨等形式带入水体，直接影响到牡蛎的生长环境，导致牡蛎体内蓄积农药，进而带来食用安全隐患。牡蛎对这些有毒物质的富集浓度与时间成正比，随着时间的延长，这些有毒物质可以在牡蛎体内富集到相当高的水平，不仅影响到消费者的食用安全，也给牡蛎的生长带来影响。因此，加强对水体中化学污染物的监测和控制是十分必要的。

牡蛎消化道内的藻类可以吃吗？

　　牡蛎消化道内的藻类一般是可以食用的。牡蛎以海洋中的藻类及浮游生物为食，其消化道内会残留一些藻类。人类食用牡蛎时通常会将这些藻类一起食用，这样基本上是没有风险的。

2　生食牡蛎安全吗？

　　生食牡蛎起源于西方国家，通常混以特制酱汁或与柠檬汁、葡萄酒相配。这种吃法的独特之处在于，牡蛎会因品种的不同而呈现出多种口味，除了咸味，还有黄油味甚至水果味。尽管味道上略有不同，但在口感上具有明显相似性——质地柔软嫩滑，带着一丝清爽。由于牡蛎能够富集生存水域中的污染物，如果生食被污染的牡蛎，将会产生极大的安全隐患。表5-2列举了由微生物引起的疾病，其中许多都涉及贝类的微生物污染。

表 5-2　由微生物引起的人类疾病

微生物	潜伏期	持续时间	主要症状
伤寒沙门氏菌 (*Salmonella typhi*)	1 ~ 3 周	4 周	头痛、发烧、咳嗽、恶心、呕吐、便秘、腹痛、发冷、玫瑰疹、便血
副伤寒沙门氏菌 (*S. paratyphi*)	1 ~ 10d	2 ~ 3 周	头痛、发烧、咳嗽、恶心、呕吐、便秘、腹痛、发冷、玫瑰疹、便血
其他沙门氏菌	6 ~ 72h (平均18 ~ 36h)	4 ~ 7d	腹痛、腹泻、发冷、发热、恶心、呕吐
弯曲杆菌 (*Campylobacter*)	2 ~ 7d	3 ~ 6d	腹泻、严重腹痛、发烧、食欲不振、倦怠、头痛、呕吐
志贺氏菌 (*Shigella*)	24 ~ 72h	5 ~ 7d	腹痛、腹泻、便血及黏液状便、发烧
副溶血性弧菌 (*Vibrio Parahaemolyticus*)	2 ~ 48h (平均12h)	2 ~ 14d (平均2.5d)	腹痛、腹泻、恶心、呕吐、发烧、发冷、头痛
创伤弧菌 (*Vibrio vulnificus*)	< 24h (平均16h)	2 ~ 3d	疲倦、发冷、发热、虚脱、皮肤损害、死亡
霍乱弧菌 (*Vibrio cholerae*)	1 ~ 5d (平均2 ~ 3d)	2 ~ 5d	大出血、腹泻、呕吐、腹部疼痛、脱水
诺如病毒 (Norovirus)	1 ~ 3d (平均36h)	20 ~ 72h	腹泻、恶心、呕吐、腹痛、腹部抽筋
甲型肝炎病毒 (Hepatitis A virus)	10 ~ 50d (平均25d)	10 ~ 30d	发烧、疲倦、厌食、恶心、腹痛、黄疸

　　诺如病毒引发的病毒性胃肠炎是最常见的疾病，甚至可以在人与人之间传播。此外，甲型肝炎也是一个突出问题，它的影响比诺如病毒更为严重且持久，但其致死率相对较低，约为 0.2%。

　　沙门氏菌可以引起伤寒，当居民中有携带这种细菌的人时（不管是临床病例或是携带者），这种病菌就有可能通过人的粪便或污水污染贝类。与贝类相关的沙门氏菌感染在欧洲和北美曾是一个严重的问题，但是现在鲜有发生，主要得益于公共健康的普遍改善以及有效的贝类生产卫生控制。

副溶血性弧菌和创伤弧菌大多自然产生于沿海和河口环境中，霍乱弧菌通常与人类粪便污染有关。在收获之后尽快冷却贝类并保持低温（≤ 10℃）是防止致病性弧菌较快繁殖的一种重要手段。副溶血性弧菌可引起肠胃炎，多发于日本、美国、加拿大、欧洲南部等国家和地区，其感染与生食牡蛎密切相关。

除了上述这些致病微生物以外，还有其他病原体在贝类中被发现，如原虫、寄生虫、隐孢子虫、贾第虫和微孢子虫。因此，生食牡蛎等贝类是极具安全隐患的。鉴于这些病原体的存在，在牡蛎收获后进行恰当的净化处理是极为关键的。

3 什么是贝类净化?

贝类净化是用于处理被微生物轻度或中度污染的贝类的一种技术。具体而言，就是将贝类放入流动的清洁海水中，通过贝类自身的过滤活动，将海水中的污染物排出，从而清除鳃和胃肠道中的污染物。这个过程通常需要几小时或几天的时间。然而，需要指出的是，贝类自身的过滤活动对于有效去除致病微生物，特别是病毒，所起的作用相对较小。因此，一般情况下，为了生产安全的贝类，最好的方法是确保贝类从培育到收获都在未受粪便污染的水域中进行。这样，在从清洁水域收获贝类后，再进行净化处理，可以大大降低因粪便污染物而导致的致病风险，甚至达到无须完全煮熟即可食用的标准。

为了确保牡蛎等贝类的卫生质量，保障消费者健康，国家食品药品监督管理局根据《中华人民共和国渔业法》《中华人民共和国食品卫生法》《中华人民共和国海洋环境保护法》等法律、法规的相关规定，制定了《贝类生产环境卫生监督管理暂行规定》，根据生产区域水环境质量和贝类卫生质量监测结果，将贝类生产区域划分为三类。

第一类区域：水环境质量和贝类卫生质量符合国家有关标准。该区域内养殖或捕捞的贝类可以直接投放市场供食用。

第二类区域：水环境受轻度污染，贝肉中部分污染物超标。但区域内产出的贝类经过净化或暂养处理后，卫生质量可以达到国家有关标准。该区域内养殖或捕捞的贝类需经净化或暂养处理后才能投放市场供食用。

第三类区域：水环境和贝类均受到严重污染，区域内产出的贝类用目前的处理技术无法达到国家有关卫生标准。该区域内的贝类禁止供人类食用。

所以，牡蛎等贝类净化是我国法律法规的要求。

4 牡蛎为什么要进行净化？

全球范围内，牡蛎消费所引起的危害主要源于其生长水域的微生物污染，尤其是在生食牡蛎时。由于牡蛎具有滤食特性，它们会富集比周围海水高几十倍甚至上千倍的污染物，存在细菌和病毒风险。净化操作可以将从轻度或中度污染区域收获的牡蛎中可能存在的致病微生物浓度降低至安全水平。然而，在重度污染区域或受重金属、农药和生物毒素等多种污染影响下采捕的牡蛎则不适合仅通过净化操作来处理。

科普
小知识

牡蛎净化符合国际食品安全方针。当前的国际食品安全方针是以风险分析为基础的食品管理。包括三个步骤：

①风险评估：这是对食品中可能存在的风险进行科学评估的过程。评估的结果是基于科学数据和信息的收集和分析，包括食品监测、流行病学研究、消费者饮食习惯等。

②风险管理：这是根据风险评估的结果制定和实施一系列策略和措施的过程，旨在减少或消除食品中的风险。这些策略和措施可能包括改变食品的生产过程、调整食品的成分或使用更安全的替代品等。

③风险沟通：这是与公众、利益相关者和监管机构进行沟通和教育的过程。它确保公众了解食品的风险和如何降低风险，同时也能让监管机构了解可能存在的风险并采取适当的行动。

5 牡蛎净化应遵循哪些原则？

牡蛎净化应遵循以下几个原则：

（1）不影响滤食活动

在收获及后续操作过程中，应避免使牡蛎暴露于极端环境中，以确保其在净化开始之前不会承受过大的压力。一旦进入净化系统，需要尽量维持其生理环境以保障其生命活动。需重点控制的条件包括：

①盐度：牡蛎维持生命活动所需的盐度存在一个绝对的上下限，这取决于牡蛎的种类和来源，通常建议的盐度范围为 20 ~ 35。

②温度：牡蛎维持生命活动所需的温度也有一个绝对的上下限，通常为 15 ~ 25℃。然而，保证牡蛎具有生理活性的温度并不一定能够确保有效地去除微生物污染物。

③溶解氧：牡蛎需要充足的氧气来维持其生理活性。水中氧气的绝对含量会随着温度的变化而变化。当温度升高时，牡蛎的需氧量增加，但水中的溶解氧含量却会下降。根据 SC/T 3013—2022，净化过程中水中的溶解氧应维持在 4mg/L 以上。在气温高于 25℃ 的地区，达到 4mg/L 以上的溶氧量可能较为困难，可以安装适当的制冷设备。但循环水在冷却时必须得到妥善控制，因为尽管牡蛎在低温下可以存活，但其净化微生物尤其是病毒的能力会大大降低。

（2）有效去除污染物

贝类净化的主要目的是去除其中的微生物污染，这需要提供适合牡蛎正常生理活动的环境条件以及洁净的流动海水。然而，对于致病微生物，尤其是病毒的脱除，仅仅保证牡蛎存活是不够的。通常，脱除病毒最适宜的温度是高于牡蛎滤食活动的下限温度，但这样的温度条件对海洋弧菌的脱除是不利的。因此，在设置净化条件时，需要综合考虑，并设置最优条件以全面去除污染物。

（3）避免二次污染

在净化过程中，要避免二次污染。一旦系统启动，就不允许再向其中加入新的牡蛎。这样，经过净化的牡蛎才不会被新加入的牡蛎排出的污染物再次污染，同时也避免了因新加入牡蛎而使已经沉降的渣滓重悬。此外，使用洁净的海水是净化过程中的必要条件。可以使用经过适当处理后的天然海水，也可以使用系统中已灭菌处理过的循环海水。

病毒在海水中具有更强的存活能力，它们可能会随着牡蛎排泄物等物质被排出到上层水流中，从而成为二次污染的主要源头。因此，净化系统中需要保证有充足的水流带走牡蛎的排泄物，且水流的大小必须保证排泄物能够充分沉降（图 5-1）。水流太大可能会导致沉降物的重悬，而杀菌系统可能无法在海水重新利用前及时灭活其中的微生物，这一点在循环系统中尤为重要。因此，水流大小的选择必须寻找一个平衡点，既能充分带走牡蛎的排泄物，又能保证这些排泄物能够充分沉积。

另外，系统中充氧装置的设计也应充分考虑避免造成污染物的重悬，这些装置不应当直接安放在水箱底层或直接影响牡蛎的地方。

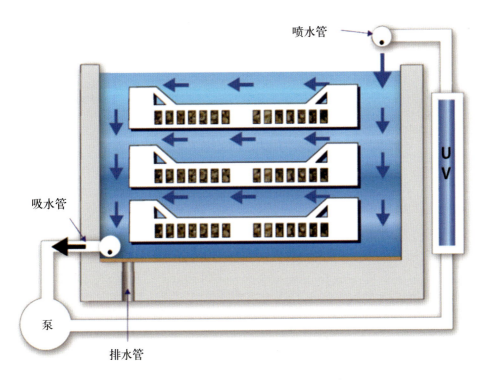

图 5-1　贝类净化系统中海水流向示意图

6 牡蛎是如何进行净化的?

牡蛎的采捕期一般为当年的 11 月至翌年 3 月。采捕后通常会在暂养池（净化池）内暂养，利用杀菌后的海水进行不间断循环，使牡蛎体内的病原体以及淤泥、海藻等，随着牡蛎的吞吐循环排出。

牡蛎净化的环节如图 5-2 所示，主要包括：

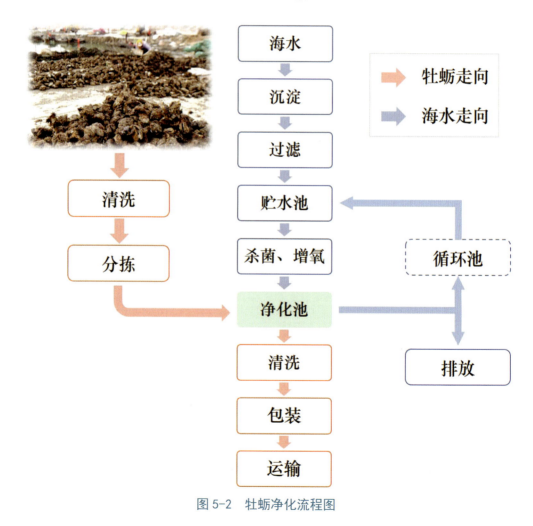

图 5-2　牡蛎净化流程图

（1）采捕

牡蛎的采捕分为人工采捕和机械采捕，无论使用哪种采捕方式，都应尽量避免对牡蛎造成明显冲击和破坏，以提高牡蛎的成活率和净化效率。

（2）净化前处理

在净化前将死亡或损坏的牡蛎拣出，用洁净的海水将牡蛎清洗干净，壳表面不能有淤泥和共生生物，尽量减少外部污染物进入净化池。

（3）净化池要求

为了确保食品的安全和卫生，净化所用的水箱、水管和内部设施必须按照严格的管理规定进行安装和选择。通常，这些设备会选择使用船体钢、玻璃钢（GRP）、高密度聚乙烯（HDPE）等材料，因为它们能够承受海水的腐蚀和磨损。在实际操作中，为了确保设备的密封性和耐用性，通常会使用环氧树脂进行密封。

净化系统及相关操作通常会在室内进行，这有利于对温度和污染进行有效控制。如果在室外进行操作，为了防止在净化过程中受到阳光暴晒、温度过高等因素的影响，必须对净化池进行有效覆盖。

（4）海水处理

为了确保良好的净化效果，必须保障稳定且高质量的海水供给。如果使用含有大量污染物的不合格海水，将会导致牡蛎受到更严重的污染，同时水中的污染物也可能会阻碍牡蛎的滤食活动。因此，用于净化的海水不能采集自被微生物、化学物质或毒素污染的海域，并且在使用前还应进行消毒处理。

海水的处理方式主要包括沉淀、过滤和杀菌。沉淀和过滤是净化水源、减少浊度的常用方法，循环系统更适合采用沉淀法，但由于非常细小的颗粒无法沉淀，所以沉淀通常与过滤联合使用。杀菌方式分为紫外线杀菌、氯和含氯化合物杀菌、臭氧杀菌等，其优缺点对比如表 5-3 所示。

表 5-3　海水杀菌常用方法比较

项目	紫外线	氯和含氯化合物	臭氧
投资成本	低	中	高
操作成本	低	中	高
安装	简单	复杂	复杂
维护	容易	一般	困难
维护成本	低	中	高
杀菌性能	优	良	优
对水源的要求	高	低	中
杀病毒效率	高	低	高
有毒化合物	无	有	有
残留影响	无	有	少许
对水的影响	无	有	有毒副产品
故障率	低	中	高
接触时间	1～5s	30～60min	10～20min

(5) 监测

在净化过程的初始阶段、中期和结束时，要对温度、盐度和溶氧进行实时监测。如果这些参数中的任何一个不在规定范围内，就需要进行记录并适当调整，然后重新开始。此外，对于经过消毒的海水，应测定海水中消毒剂的残余量以确保其处于安全剂量范围内。游离氯通常是通过与 N, $N-$ 二乙基对苯二胺（DPD）发生显色反应来测定。

牡蛎的净化周期根据污染程度而定，通常为 2 ~ 5d。粪大肠菌群的去除率或大肠杆菌的数量是评价净化程度的指标。

(6) 净化后处理

在移出所有牡蛎之前，为防止碎屑残渣的沉积，净化系统的水排出量需降至牡蛎的最底层。卸载之后，排掉残留的海水，并将所有的固体残渣移除或冲刷掉。为了去除所有的固体黏着物，净化后的牡蛎需要用饮用水或是干净的海水清洗，这一步要在净化池内排净水后或是牡蛎被卸载后进行。对牡蛎样品进行抽检，对合格的牡蛎样品根据其尺寸、重量进行分级。

(7) 包装与贮存

包装应在车间一个独立的区域内进行，包装材料应选用食品级，并符合当地法规或国际法规（对于出口产品）。贮存时，为防止牡蛎长期浸在液体中，包装袋允许液体渗出。牡蛎包装时通常是凹面的壳朝下。等待运输或直接销售的牡蛎应置于洁净区域，并在合适的温度（通常是 2 ~ 10℃）下保存。

科普
小知识

影响紫外线杀菌效率的参数有哪些？

①紫外线波长：紫外线波长是指紫外灯所产生的紫外线的波长范围。根据波长的不同，紫外线分为 UVA、UVB 和 UVC 三种类型。UVA 波长范围为 315 ~ 400 nm，主要用于荧光检测、紫外线固化等领域；UVB 波长范围为 280 ~ 315 nm，主要用于杀菌消毒、医疗治疗等领域；UVC 波长范围为 100 ~ 280 nm，具有很强的杀菌能力，广泛应用于空气净化、水处理等领域。

②紫外线功率：紫外线功率是指紫外灯单位时间内所辐射的紫外线能量，通常以瓦特（W）为单位表示。紫外线功率越大，辐射的紫外线能量就越高，杀菌消毒效果也就越好。

③光通量：光通量是指紫外灯单位时间内所辐射的可见光能量。通常以流明（lm）为单位表示。

7 牡蛎净化有哪些局限性？

牡蛎净化过程中，对诺如病毒等的净化速度要比沙门氏菌、大肠杆菌等细菌慢许多。由于病毒的致病剂量极低，尽管净化在相当大的程度上降低了人类感染疾病的风险，但这并不意味着净化可以作为消除病毒威胁的终极手段。

另外，目前的净化系统对降低牡蛎中生物毒素污染水平的效果不够理想。在自然条件下，由于天然食物的存在，生物毒素的净化效果要优于净化系统。净化系统对牡蛎中高浓度的重金属、有机化学污染物等，也不是高效可行的措施。例如，多环芳烃类化合物需要净化几周的时间才能降低到安全水平。

第二节　牡蛎保鲜

1　牡蛎离水后会立刻死亡吗?

　　牡蛎虽然是水生动物，但它们可以在没有水的环境中存活一段时间。首先，当牡蛎被暴露在空气中时，它们会紧闭双壳，以保护内部器官不受干燥和高温的影响。其次，牡蛎对环境的适应性较强，具有很强的抗逆性。比如，在潮间带多变的环境中，牡蛎能够适应不同的温度、盐度和干露条件。通常情况下，牡蛎离水后仍可生存 1 ~ 2 周。

2　牡蛎是如何应对低氧和复氧条件的?

　　在自然环境中，牡蛎经常会面临低氧和复氧的情况。在低氧条件下，牡蛎会进入一种"存活模式"的状态。在这种状态下，它们会利用储存的糖原作为能量来源，并通过调节线粒体功能来适应低氧环境。线粒体会减少腺嘌呤核苷三磷酸（adenosine-triphosphate，简称 ATP）的生成，使牡蛎能够更有效地利用有限的氧气。

　　当氧气条件恢复到正常时，牡蛎会退出存活模式并恢复正常活动。线粒体会重新开始产生大量的 ATP，以满足牡蛎活动的需要。这种快速的响应能力使牡蛎能够有效地利用复氧的机会，并在能量消耗最少的情况下维持生命活动。

线粒体，是一种存在于大多数细胞中的细胞器，由两层膜包被而成，是生命活动的"动力工厂"。线粒体是细胞内氧化磷酸化和合成 ATP 的重要场所，为细胞生命活动提供能量，细胞生命活动所需能量约 95% 来自于线粒体。

3 牡蛎是如何进行保活运输的？

牡蛎收获后，一般会立即进行清理，必要时需要进行净化，然后直接在当地或周边地区进行销售。需要长距离运输的牡蛎，一般会采用冷链运输车的方式，且须保持在适宜的温度范围（表 5-4）。装运时需将牡蛎在车厢内排列整齐，装载完成后立即关闭车门并降温。运输过程中，牡蛎应保持表面湿润，保持车厢内温度稳定，相对湿度宜控制在 70% 以上。

表 5-4　活贝运输的适宜温度

品种	适宜运输温度 /℃
牡蛎	4 ~ 10
扇贝	2 ~ 12
鲍、缢蛏	6 ~ 12
波纹巴非蛤	8 ~ 20
菲律宾蛤仔、泥蚶、魁蚶、贻贝	2 ~ 6
文蛤	4 ~ 6

4 如何判断牡蛎肉的新鲜度？

牡蛎肉的新鲜度，一般可以通过感官评定、挥发性盐基氮（TVB–N）或细菌总数来评价。

感官评定最为直接，但具有很大的主观性。可以通过观察牡蛎的外观来判断新鲜度，新鲜的牡蛎肉如图 5–3 所示，一般表面湿润但不过于黏稠，呈白色或略带一些黄色，富有光泽；如果牡蛎肉颜色发暗或过于黏稠，则可能不新鲜。也可以通过闻牡蛎的气味，如果牡蛎肉闻起来有异味或腥臭味，则可能不新鲜。再就是可以通过品尝牡蛎肉的口感。新鲜的牡蛎肉有一定的弹性和嚼劲，口感滑嫩而不油腻；如果牡蛎肉过于软烂或硬脆，或者口感油腻，则可能不新鲜。

TVB–N 是判断牡蛎新鲜度常用的生化指标。其值越高，表明牡蛎腐败程度越高，新鲜度也就越低。《食品安全国家标准　鲜、冻动物性水产品》（GB 2733—2015）规定冷冻贝类的 TVB–N 值不得高于 15mg/100g。

细菌总数也是判断牡蛎新鲜度的常用指标之一。细菌的生长繁殖是导致水产品腐败的主要因素之一。然而，不同种类的细菌对水产品的致腐能力也有所不同。例如，革兰氏阴性菌通常比革兰氏阳性菌更容易导致水产品腐败，因为它们具有更强的分解脂肪和蛋白质的能力。

图 5-3　新鲜牡蛎肉

科普小知识

挥发性盐基氮（total volatile basic nitrogen, TVB-N）是动物性食品由于酶和细菌的作用，在腐败过程中，使蛋白质分解而产生的氨以及胺类等碱性含氮物质。此类物质具有挥发性，可根据其含量判断动物性食品的新鲜程度。TVB-N 的测定方法有半微量定氮法、自动凯氏定氮仪法、微量扩散法等，其中半微量定氮法是常用方法，蒸馏装置如下图所示：

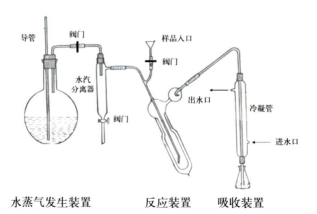

水蒸气发生装置　　　　反应装置　　吸收装置

5 牡蛎中常见的微生物有哪些种类?

海洋贝类容易腐败变质,造成这一现象的主要原因有微生物、内源酶、脂肪氧化等。而影响最大的是微生物,它还有导致食物中毒和感染传染病的危险。贝类滤食的特性,导致收获后的贝类带有多种微生物,特别是细菌。研究发现,牡蛎中附着的细菌在变形菌门(Proteobacteria,77.5%)、厚壁菌门(Firmicutes,6.6%)、梭杆菌门(Fusobacteria,4.8%)、软壁菌门(Tenericutes,2.1%)、拟杆菌门(Bacteroidetes,2.0%)等均有分布;从纲的分类水平上来看,以 γ-变形菌纲(Gammaproteobacteria,72.3%)、梭菌纲(Clostridia,5.7%)为主;在目的分类水平上,弧菌目(Vibrionales,49.3%)、交替单胞菌目(Alteromonadales,12.2%)、梭菌目(Clostridiales,5.7%)和假单胞菌目(Pseudomonadales,4.5%)占优势;而在科的分类水平上,主要是弧菌科(Vibrionaceae,36.8%)、希瓦氏菌科(Shewanellaceae,10.3%)、交替假单胞菌科(Pseudoalteromonadaceae,7.2%)和莫拉氏菌科(Moraxellaceae,4.1%);在属的分类水平上,弧菌属(Vibrio,28.3%)、希瓦氏菌属(Shewanella,10.3%)、交替假单胞菌属(Pseudoalteromonas,7.2%)、嗜冷杆菌属(Psychrobacter,4.0%)、发光菌属(Photobacterium,3.5%)比例相对较高(图5-4)。

牡蛎体内的菌群结构很大程度上反映的是其生存环境的细菌组成,并受季节、饵料、渔获方式等多种因素的影响。不同地域的牡蛎,其体内的菌群结构是不同的,即使是同一地域的牡蛎,其菌群也会因牡蛎品种、季节、饵料等因素而有所差异。

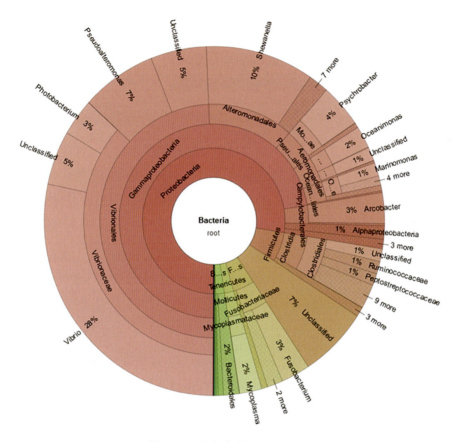

图 5-4　长牡蛎菌群结构组成

6　哪些微生物导致了牡蛎肉的腐败？

　　水产品腐败主要表现为某些微生物生长和代谢生成胺、硫化物、醇、醛、酮、有机酸等，产生异味，使产品变得感官上不可接受。牡蛎肉在冷藏过程中，微生物群落发生显著变化。从物种和样本两个层面进行聚类，绘制成热图，结果见图 5-5。热图是数据的一种二维呈现，可以看出，牡蛎中的细菌群落在冷藏过程中发生显著变化。根据变化趋势的类型基本上可以分为四类，以 *Ocean-imonas*、*Vibrio*、*Fusibacter* 为代表的菌群（Ⅰ）在冷藏过程中显著减少，这可能与其低温耐受性差有关；以 *Pseudomonas*、*Psychrobacter* 为代表的菌群（Ⅱ）在初始菌群中所占比例较小，冷藏过程中变化不大；以 *Shewanella*、*Pseudoaltero-monas* 为代表的菌群（Ⅲ）环境适应能力较强，在冷藏过程中比例逐渐增加，成为牡蛎冷藏中的优势菌群；以 *Psychrilyobacter* 为代表的菌群（Ⅳ）呈现先增加后减少的趋势，表明这几个菌属的低温耐受性较强，但在冷藏后期可能受其他菌属的影响较大。而变化趋势相似的菌群在进化关系上也较为接近。

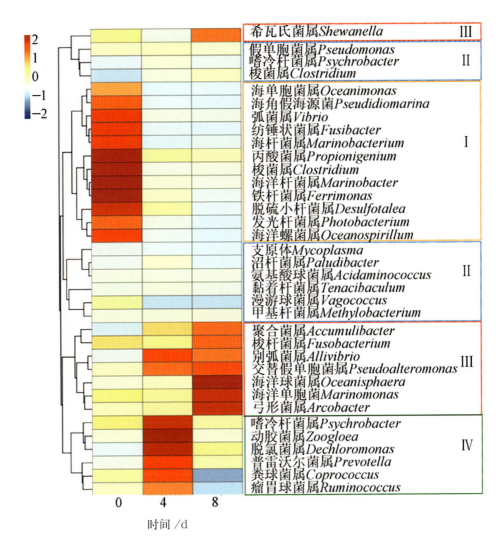

图 5-5　牡蛎肉冷藏过程中细菌物种丰度聚类热图

注：同一行中颜色的深浅表示该菌属在不同样品中的比例差别。

科普
小知识

在微生物种类鉴定技术方面，传统方法是通过富集培养、分离纯化，再根据形态、生理、生化等的实验结果得出结论。受培养条件的限制，未可培养菌通常会占到很大比例，因而传统纯培养的分析结果不能完全反映样本中微生物群落情况。

随着科学技术的进步，微生物的分析手段也日趋完善，特别是以 DNA 为基础的分子生物学技术取得较大进展，并广泛应用到食品微生物领域，如实时定量荧光聚合酶链式反应（real-time polymerase chain reaction, qPCR）技术、变性梯度凝胶电泳（denaturing gradient gel electrophoresis, DGGE）技术、末端限制性片段长度多态性分析（terminal restriction fragment length polymorphism, TRFLP）技术等。

近几年来，高通量测序技术快速发展，代表性的测序平台包括 Illumina、Roche、Ion Torrent 等，这为微生物群落分析提供了新的手段。高通量测序技术可以检测到样本中传统纯培养不能发现的低丰度细菌种类，从而更加准确、全面地反映样本的微生物群落结构。

7 牡蛎肉的保鲜技术有哪些？

食品腐败变质是微生物主导的食品质量下降或失去食用价值的一切变化。食品本身含有的丰富的营养成分易使微生物滋生且大量繁殖，并最终导致食品的腐败变质。因此人们尝试用各种方法去阻止食品腐败，如低温保存、隔绝空气、干燥、高渗、高酸度、使用防腐剂等。低温是牡蛎肉常用的保鲜方法，低温条件可以有效抑制微生物的生长繁殖和内源酶活性，延长货架期。除此之外，牡蛎的保鲜技术还包括化学保鲜剂、生物保鲜剂、气调包装以及以辐照、超高压、电子束为代表的非热杀菌技术等。

8 什么是臭氧保鲜？在牡蛎肉保鲜中应用效果如何？

臭氧，分子式为 O_3，是氧气的同素异形体，1840 年首次被发现。纯净的臭氧，沸点为 $(-119.7\pm0.3)℃$，熔点为 $(-192.7\pm0.2)℃$，常温下是一种淡蓝色气体，但通常看起来似乎无色，有刺激性腥味，微量时具有一种"清新"的气味。臭氧不稳定，容易分解为氧气，它在水中分解的半衰期主要取决于水质和温度。臭氧的氧化还原电位仅次于氟，具有很强的氧化能力，利用这一性质可以进行杀菌、消毒、除臭、保鲜等。臭氧杀灭病毒是通过直接破坏 RNA 或 DNA 物质完成的，而杀灭细菌、霉菌等微生物的作用机制可归纳为：作用于细胞膜，导致细胞膜的通透性增加，细胞内物质外流，使细胞失去活力；使细胞活动必需的酶失去活性，这些酶包括基础代谢的酶以及合成细胞重要成分的酶；破坏细胞质内的遗传物质或使其失去功能。

早在 20 世纪初期，国外就开始了臭氧在水产品中的应用研究工作。1936 年，Salmon 发现臭氧可以加快被污染牡蛎、贻贝和其他贝类消毒净化速度。1982 年，

Blogoslawski 发现用臭氧水处理扇贝，可以使细菌总数减少 90% 以上。2000 年，据 Fishing News International 报道，美国西雅图北极星制冰设备公司开发出一种臭氧冰制造设备，可生产臭氧片状冰或浆状冰，可以明显延长渔获物的保鲜期，已安装在挪威的渔船上使用。国内方面，目前臭氧在水产品加工中的应用已较为普遍，如冷库的消毒、加工车间的杀菌净化、加工用水以及器具的杀菌、除味脱臭、加工及包装前原料的消毒等。在牡蛎保鲜方面，研究发现臭氧水对牡蛎附着的主要微生物种类均有杀灭作用（图 5-6），用 5 μL/L 浓度的臭氧水处理牡蛎肉，可以将冷藏货架期延长 2d 以上。

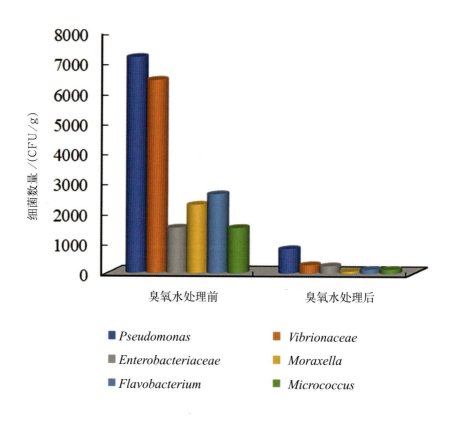

图 5-6　臭氧对牡蛎附着微生物的杀灭作用

　　臭氧的制备可采用电晕放电法、电解法与紫外线法。目前应用较多的是电晕放电法和电解法。

　　电晕放电法原理是用高压高频电流电离空气或氧气以产生臭氧，其方法是先将氧气或空气经干燥等预处理，再使之进入放电室电离。该法只能得到含有臭氧的混合气体，不能得到纯的臭氧，设备费用高，且可产生有毒的氮氧化物。

　　电解法的原理是用低压直流电电解水，使其在特制的阳极界面氧化产生臭氧。电解法在阳极析出臭氧，阴极析出氢气。该发生器可产生浓度较高的臭氧，产物无有害的氮氧化物，因而具有广阔的应用前景。

　　波长短于200nm的紫外线能使空气中的氧分子电离，产生臭氧。臭氧紫外线灯就是利用紫外线产生臭氧，通过紫外线和臭氧的协同作用杀菌，但该方式所产生的臭氧量较小。

9　常用的保鲜剂有哪些？在牡蛎肉保鲜中应用效果如何？

　　使用保鲜剂来抑制或杀灭微生物是水产品保鲜较为普遍和有效的方法之一。食品生产企业使用的保鲜剂可分为化学合成保鲜剂和天然保鲜剂。常见的化学合成保鲜剂如：苯甲酸（钠）、山梨酸（钾）、对羟基苯甲酸酯、丙酸盐、亚硫酸及其盐类、硝酸及亚硝酸盐类等。化学保鲜剂虽然使用广泛，但不规范使用时（尤其是过量使用）可能会对人体健康造成危害。所以，人们更倾向于使用更加安全、高效、无毒的天然保鲜剂，这一类物质是从植物、动物、微生物代谢产物中提取的化合物。如溶菌酶、乳酸链球菌素、纳他霉素、枯草杆菌素等都属于微生物来源；动物源天然保鲜剂有鱼精蛋白、蜂胶、壳聚糖等；植物源天然保鲜剂有茶多酚、芦荟提取物、竹叶提取物等。

　　在牡蛎保鲜方面，科研人员将壳聚糖、茶多酚、溶菌酶配制成复合天然保鲜剂，并用来处理牡蛎肉，可将其冷藏货架期延长近1倍（图5-7）。保鲜剂组的牡蛎在货架期终点时呈现出不同于对照组的腐败特征，保鲜剂组的样品并没有明显的腐败臭味，而是呈现弱的近似水果酸败味，同时样品的质地较好。水产品的腐败主要是微生物作用的结果，这种不同的腐败现象表明保鲜剂组的优势腐败菌也很有可能与对照组不同，微生物多样性分析结果证实了这一点。保鲜剂组的样品在货架期终点时，其优势菌为 *Lactococcus*，而对照组的优势腐败菌为 *Pseudomonas*。

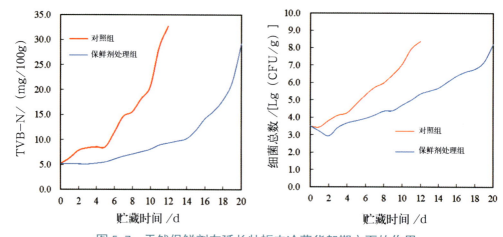

图5-7　天然保鲜剂在延长牡蛎肉冷藏货架期方面的作用

10 什么是气调包装？在牡蛎肉保鲜中应用效果如何？

气调包装（Modified Atmosphere Packaging, MAP）是将食品贮存于与一般大气成分不同的气体环境中，以抑制或减缓微生物的繁殖及食物品质劣化的速度，从而延长食物贮藏寿命的一种食品保鲜技术，其气体成分一般由 CO_2、N_2 及 O_2 按一定比例组成。MAP 早在 1930 年就有应用，当时将牛羊肉从新西兰和澳大利亚运至英国，充入 CO_2 保鲜获得成功。在牡蛎保鲜方面，科研人员采用不同气体比例对牡蛎肉进行包装并分析冷藏过程品质变化，结果表明 CO_2：N_2：O_2 按照 60：30：10 的比例包装牡蛎肉，其冷藏过程中微生物生长被显著抑制，货架期得到明显延长（图 5-8）。

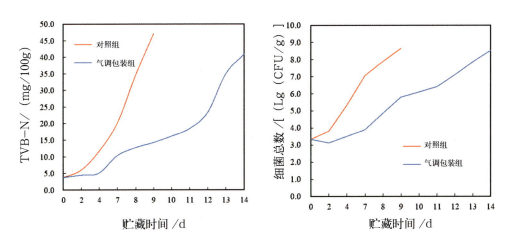

图 5-8　气调包装在延长牡蛎肉冷藏货架期方面的作用

第三节　牡蛎加工

1 牡蛎加工主要的产品类型有哪些?

　　牡蛎除了鲜销以外,还会被加工成各类消费者喜闻乐见的产品,比如冷冻品、干制品、罐头、调味品等传统制品,以及牡蛎蛋白肽及其衍生品等(图5-9)。

冻牡蛎肉

牡蛎干

牡蛎罐头

调味料

图5-9　典型的牡蛎加工产品

2 什么是冻牡蛎肉？产品应符合哪些要求？

冻牡蛎肉是以新鲜牡蛎为原料，经脱壳、清洗、冷冻制成的单冻牡蛎肉或块冻牡蛎肉。牡蛎原料必须是来自官方许可养殖的海域，清洁、无污染；冻品的中心温度应 ≤ −18℃，单冻产品应镀冰衣，块冻产品应包冰被；感官应符合表 5-5 的要求。

表 5-5　冻牡蛎肉感官要求

项目	要求
冻品外观	冻品表面冰衣、冰被完好，无融化迹象；无干耗、无氧化迹象
色泽	呈牡蛎自然色泽，外套膜呈乳白色或灰白色，有光泽
形态	牡蛎肉个体基本完整，允许破损牡蛎肉和碎牡蛎肉粒数合计不大于包装粒数的10%
杂质	无外来杂质
气味	具牡蛎肉特有的气味，无异味
水煮试验	具有牡蛎特有的鲜味和口感，无不良气味、滋味

注：破损牡蛎肉是指牡蛎表面上的切口或撕裂口大于牡蛎最大长度1/4的样品；碎牡蛎肉是指表面积小于牡蛎原有表面积的3/4的分割牡蛎样品。

3 什么是牡蛎干? 产品应符合哪些要求?

牡蛎干,又称蚝豉,是以牡蛎为原料,经取肉、漂洗、加盐蒸煮(或未经蒸煮)、干燥、分选等工序制成的干制品 (图 5-10)。

图 5-10　牡蛎干产品

牡蛎干产品感官应符合表 5-6 的要求,理化指标应符合表 5-7 的要求。

表 5-6　牡蛎干感官要求

项　目	一级品	二级品	三级品
组织及形态	体形饱满完整,匀称,肉体洁净,无损伤	体形基本完整,肉体洁净,允许略有损伤	体形不完整,残缺,但肉体干净
气味	鲜香味浓	具鲜香味,无异味	无异味
手感	肉体表面光滑,油脂感较重	肉体表面光滑,有油脂感	肉体表面粗糙,无油脂感
色泽	肉体呈灰白色、金黄色、棕褐色,轮廓边缘具黑色条纹		
其他	无肉眼可见杂质(贝壳碎片、泥沙、藻类物质),无虫害,无霉斑		

表 5-7　牡蛎干理化指标要求

项 目	指 标
水分 / %	≤ 30.0
盐分 / %	≤ 6.0
挥发性盐基氮 / （mg/100g）	≤ 15.0
酸价（以脂肪计）（KOH）/ （mg/g）	≤ 130
过氧化值（以脂肪计）/ （g/100 g）	≤ 0.6

4 牡蛎罐头是如何生产的？烟熏与液熏牡蛎罐头有何区别？

　　牡蛎罐头是以牡蛎肉为原料，经过预处理、调味、装罐和杀菌等工艺制成的产品。牡蛎罐头的制作过程中，通常会添加一些调料或采用一些特殊工艺，以增加口感和风味，其中最为典型的代表就是烟熏牡蛎产品（图 5-11）。

　　烟熏牡蛎是将牡蛎暴露在木材或木屑、茶叶、甘蔗皮等材料的不完全燃烧而产生的烟雾中进行熏烤。烟雾中含有酚类、醇类和有机酸等化合物，这些化合物与牡蛎中的蛋白质、氨基酸和糖类等发生反应，从而产生特殊的烟熏香味和色泽。同时，烟熏还可以杀死牡蛎表面的微生物，延长产品保质期。然而，烟熏制品中苯并芘和亚硝胺等有害物质的含量通常较高。液熏是将木材干馏生成的烟气成分液化或者再加工形成烟熏液，通过浸泡或喷涂在牡蛎表面，代替传统烟熏方法的一种加工工艺，其主要流程包括：原料验收→清洗→调味→脱水→装罐→注入植物油和熏液→排气→密封→灭菌→冷却→成品。

图 5-11 烟熏（左）和液熏（右）牡蛎罐头产品

液熏工艺更加简单、操作方便，而且解决了传统烟熏工艺烟气排放污染环境以及产品中苯并芘含量高的问题。如表 5-8 所示，与传统的烟熏牡蛎相比，液熏牡蛎苯并芘含量由 5.24 μg/kg 下降到 1.01 μg/kg，而营养指标基本无变化。

表 5-8　牡蛎罐头理化指标要求

理化指标	烟熏牡蛎	液熏牡蛎
脂肪 /（g/100g）	10.45±0.42	10.61±0.50
蛋白质 /（g/100g）	16.33±1.23	16.54±0.97
苯并芘 /（μg/kg）	5.24±0.03	1.01±0.04

5 牡蛎调味料有哪些?

（1）牡蛎酱油

牡蛎富含蛋白质、多糖、牛磺酸等多种营养活性成分，将牡蛎酶解后再添加到酱油酿造原料中，按照高盐稀态酱油酿造方法制成的牡蛎酱油香气浓郁、滋味鲜美，具有促进食欲的效果。生产步骤主要包括：牡蛎酶解→加曲发酵→加入复合酵母液发酵酱醪→成熟酱醪压榨→静置沉淀取上清→牡蛎酱油（图5-12）。

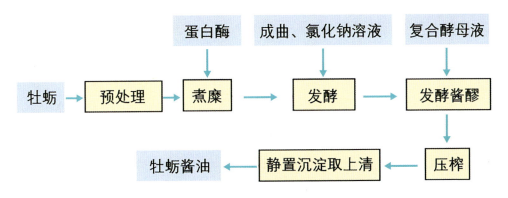

图 5-12　牡蛎酱油的生产流程

（2）蚝油

蚝油是用牡蛎熬制而成的调味料，具有鲜美的味道、浓郁的香气、适度的黏稠度以及很高的营养价值，是调味汁类最具代表性的产品之一（图 5-13）。生产步骤主要包括：取肉→煮蚝→蚝汤过滤→浓缩→增色、增稠、增鲜→装瓶。

图 5-13　蚝油

6 牡蛎肽是如何生产的？产品品质如何评价？

牡蛎肽生产的工艺流程主要包括：牡蛎肉原料验收→清洗→沥水→均质→水解→灭酶→冷却→离心→脱腥脱色→过滤→浓缩→干燥→冷却→称量装填→密封→装箱→金属探测→贮藏。其中的关键控制点如下：

①选材：选择新鲜的牡蛎作为原料。

②清洗：将牡蛎去壳取肉，使用清洗设备（如喷淋式清洗机、浸泡式清洗机等）清洗掉杂质和污垢，留下可食用的部分。

③均质：将清洗后的牡蛎肉进行均质，使其成为牡蛎肉匀浆液。

④水解：将牡蛎匀浆液进行水解处理，通常采用蛋白酶进行水解，使用的设备为不锈钢反应罐，内部设有搅拌装置和加热／冷却系统。

⑤过滤：使用过滤设备（如压力过滤器、真空过滤器等）将水解液进行过滤，去除杂质。

⑥干燥：将酶解液进行浓缩，通过喷雾干燥或真空冷冻干燥得到牡蛎肽粉末（图5-14）。

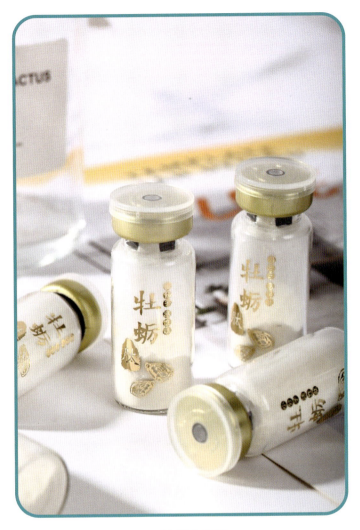

图 5-14　牡蛎肽产品

牡蛎肽产品的品质评价指标包括感官指标、理化指标、安全指标等，详见图 5-15。其中，牡蛎肽的外观和气味是评价其品质的重要因素之一，高品质的产品应色泽均匀、口感细腻，且腥味要小。牡蛎肽的分子量也是其品质的重要指标之一，优质的产品应具有较为单一且稳定的分子量分布，这有助于提高其吸收利用率并发挥功能活性。另外，牡蛎肽的安全性也是其品质评价的重要方面之一，产品应符合相关的食品安全标准要求。

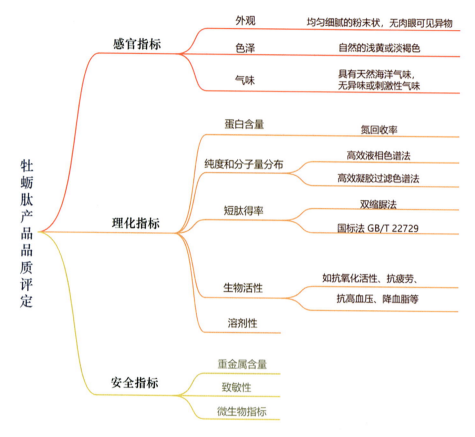

图 5-15　牡蛎肽产品品质评定指标

牡蛎可以用来做酒吗?

(1) 牡蛎啤酒

啤酒是以麦芽、水为主要原料,加啤酒花或啤酒花制品,经酵母发酵酿制而成的、含有二氧化碳并可形成泡沫的发酵酒。如果在啤酒制造过程中适时适量加入一些功能活性物质,就可以制得功能性保健啤酒。

利用特定的蛋白酶酶解牡蛎蛋白，得到富含功能性多肽、氨基酸、糖原、微量元素等营养物质的牡蛎酶解液，并与啤酒酿造过程协调结合，其生产工艺如图 5-16 所示。按照此工艺生产的牡蛎啤酒（图 5-17）营养丰富，口味柔和，市场前景广阔。

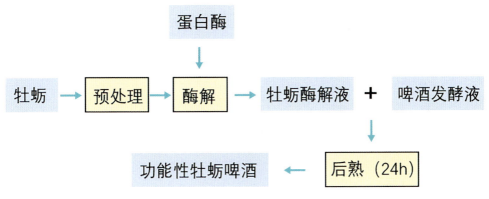

图 5-16　功能性牡蛎啤酒的生产工艺

图 5-17　牡蛎啤酒

（2）牡蛎黄酒

黄酒是以稻米、黍米、小米、玉米、小麦、水等为主要原料，经加曲和（或）部分酶制剂、酵母等糖化发酵剂酿制而成的发酵酒。黄酒是世界上最古老的酒类之一，源于中国，且唯中国有之。

通过添加蛋白酶将牡蛎蛋白降解为小分子肽和氨基酸，然后将酶解液添加到发酵罐中，利用黄酒菌种自身蛋白酶进一步降解，使牡蛎蛋白以不易沉淀的小分子肽和氨基酸进入黄酒中，其生产工艺如图5-18所示。牡蛎黄酒（图5-19）中必需氨基酸含量增加，尤其是牛磺酸含量提高约130倍，8种矿物质元素含量提高约70%。

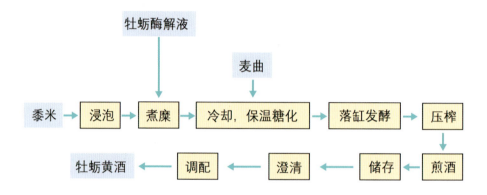

图 5-18　牡蛎黄酒的生产工艺

图 5-19　牡蛎黄酒

8 牡蛎加工有哪些新技术?

超高压加工 (ultra-high pressure processing, UHPP) 技术被认为是最具潜力的食品加工新技术之一，在以牡蛎为代表的双壳贝类脱壳加工方面具有巨大的应用前景。UHPP 在牡蛎加工中首要的应用是通过作用于闭壳肌实现自主开壳 (图5-20)，由此可以在实际生产中节省大量人工开壳的劳动力。

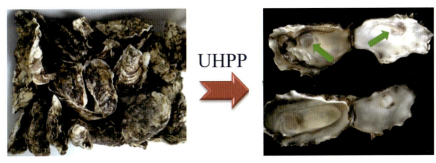

图 5-20 牡蛎超高压脱壳效果

超高压处理基本上不会对牡蛎的营养、外观、质地等食用品质造成不利影响，可显著延长冷藏货架期 (图5-21)，这与超高压对牡蛎中腐败微生物的杀灭作用有关 (图5-22)。与此同时，超高压会加速牡蛎中脂质的氧化，进而造成挥发性气味成分的改变 (图5-23)。

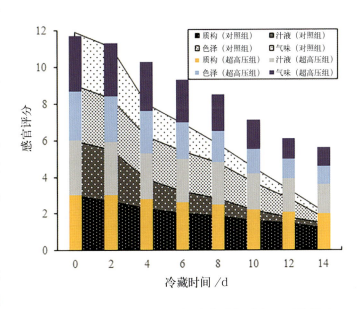

图 5-21 超高压处理对牡蛎冷藏过程感官品质的影响

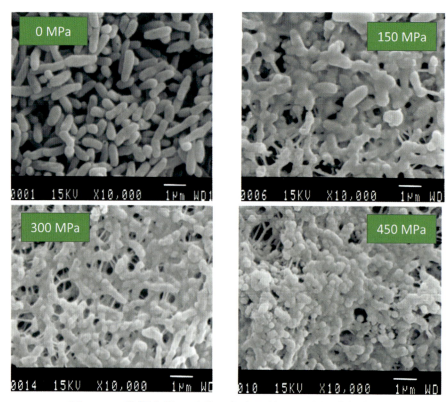

图 5-22　牡蛎中希瓦氏菌经超高压处理后的扫描电镜图

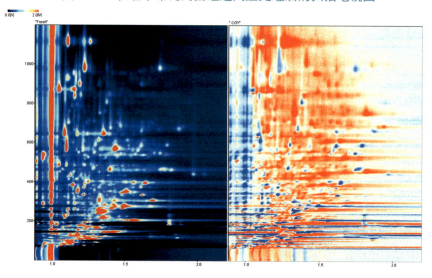

图 5-23　牡蛎经超高压处理前后的气相－离子迁移谱图

注：左图为对照组，右图为超高压处理组。

科普
小知识

　　超高压技术是把液体或气体加压到 100 MPa 以上，这项技术分为超高静压技术、超高压水射流技术和动态超高压技术，在应用上非常广泛，如食品杀菌（非热杀菌）、植物蛋白的组织化、淀粉的糊化、肉类品质的改善、动物蛋白的变性处理、乳制品的加工处理、食品速冻和解冻、酒类的催陈等。

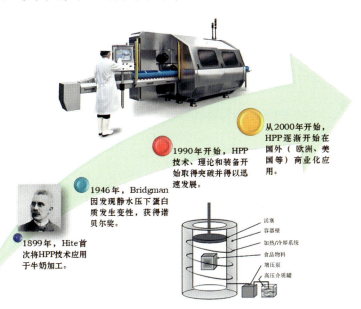

从2000年开始，HPP逐渐开始在国外（欧洲、美国等）商业化应用。

1990年开始，HPP技术、理论和装备开始取得突破并得以迅速发展。

1946年，Bridgman因发现静水压下蛋白质发生变性，获得诺贝尔奖。

1899年，Hite首次将HPP技术应用于牛奶加工。

活塞
容器壁
加热/冷却系统
食品物料
增压泵
高压介质罐

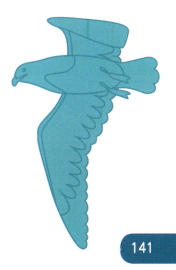

第六章

牡蛎食谱

1 芝士焗生蚝

【用料】：

新鲜牡蛎、黄油、面包糠、蒜末、牛奶、干酪或奶酪、盐、黑胡椒粉、香草。

【制法】：

步骤1：预热烤箱至 200℃。

步骤2：处理牡蛎

★牡蛎清洗干净，去除杂质。

★打开牡蛎壳，取出蚝肉，保留一半壳用于装盘。

步骤3：制作奶酪糊

★在小碗中，将软化的黄油与切碎的蒜末混合均匀。

★加入牛奶，搅拌至完全融合。

★加入切碎或磨碎的奶酪，搅拌均匀，直到成为浓稠的奶酪糊。

★根据口味加入适量的盐和黑胡椒调味。

★可以加入一些切碎的香草增添风味。

步骤4：涂抹奶酪糊

★在每个牡蛎壳中放置一个蚝肉。

★将奶酪糊均匀地涂抹在每个蚝肉上。

步骤5：撒面包糠

★若喜欢酥脆口感，可以在每个蚝肉上撒上一层薄薄的面包糠。

步骤6：焗烤

★将准备好的食材均匀排列在烤盘上。

★将烤盘放入预热的烤箱中，烤约10～15min，或烤至奶酪融化且表面金黄色。

步骤7：出炉享用

★将焗好的生蚝小心取出，注意防烫。

★可以搭配柠檬片，挤上柠檬汁增加鲜味。

★立即上桌，趁热食用最佳。

2 蒜蓉粉丝蒸生蚝

【用料】：

新鲜牡蛎、粉丝、大蒜若干瓣、生姜一小块、葱一根、红辣椒（可选）、香菜（装饰用）、食用油、生抽、蚝油、白糖、盐。

【制法】：

步骤 1：处理牡蛎

★牡蛎清洗干净，去除杂质。

★打开牡蛎壳，取出蚝肉，保留一半壳用于装盘。

★将生蚝肉放回壳中，摆放在盘中备用。

步骤 2：准备粉丝

★粉丝用温水泡发至软，然后沥干水分。

★将泡发好的粉丝剪短，放在生蚝壳中。

步骤 3：制作蒜蓉调料

★大蒜剥皮，切成蒜蓉；生姜去皮，切成末；葱切成葱花；红辣椒（可选）切圈。

★在小碗中，混合适量的生抽、蚝油、少许白糖和盐调成调味汁。

步骤 4：炒制蒜蓉

★锅中倒入少许油，加热后放入蒜蓉、姜末和部分葱花，快速翻炒出香味。

★加入调好的调味汁，翻炒均匀后关火。

步骤 5：组合菜品

★在每个生蚝壳中的蚝肉上铺一层泡发好的粉丝。

★将炒好的蒜蓉混合物均匀地铺在粉丝上。

步骤 6：蒸制

★在蒸锅中加水烧开，将装有生蚝的盘子放入蒸锅中。

★大火蒸约 8 ~ 10min，具体时间根据生蚝的大小和数量调整。

步骤 7：出锅享用

★蒸好的生蚝小心取出，放置在盘中。

★撒上剩余的葱花、红辣椒圈以及香菜叶进行装饰。

★立即上桌，趁热食用最佳。

3 海蛎煎（蚵仔煎）

【用料】：

新鲜牡蛎肉、鸡蛋、中筋面粉、葱花、胡椒粉、盐、食用油（可选）。

【制法】：

步骤1： 处理牡蛎

★将新鲜牡蛎肉清洗干净，用厨房纸吸干水分。

★检查牡蛎肉，去除残留壳片或杂质。

步骤2： 调制面糊

★在一个大碗中打入鸡蛋，加入中筋面粉。

★加入适量的清水，搅拌成没有颗粒的面糊，面糊的稠度要能够覆盖海蛎肉。

★根据口味加入适量的盐和胡椒粉调味。

步骤3： 混合蛎肉

★将处理好的蛎肉加入调好的面糊中，轻轻搅拌均匀。

★加入葱花，再次搅拌均匀。

步骤4： 煎制

★在平底锅中加入适量的食用油，待油温升高后，用勺子舀取适量的面糊倒入锅中。

★中小火煎至底部金黄酥脆，然后翻面继续煎另一面至同样金黄色。

★煎的过程中注意火候，避免煎烤过快导致外面糊内部不熟。

步骤5： 出锅装盘

★煎好的蛎饼小心翻转到盘子上，保持形状完整。

★可以搭配甜面酱、辣椒酱或者酱油等调料一起食用。

4 炭烤生蚝

【用料】：

新鲜牡蛎肉、大蒜若干瓣、橄榄油或其他植物油、盐、黑胡椒粉、柠檬片、辣椒、葱花、香菜。

【制法】：

步骤1：处理牡蛎

★牡蛎清洗干净，去除杂质。

★打开牡蛎壳，去掉一侧的壳，保留蚝肉和另一半壳。

步骤2：准备调料

★大蒜剥皮，切成蒜蓉。

★在小碗中，混合适量的橄榄油、切碎的蒜蓉、盐和黑胡椒粉调成蒜蓉调料。

步骤3：抹调料

★将蒜蓉调料均匀涂抹在蚝肉上。

步骤4：炭火烤制

★预热炭火或烧烤架至中高温。

★将准备好的生蚝放在烤网上，保持炭火均匀。

★根据生蚝的大小和火力控制时间，烤至生蚝边缘微微卷起且中心熟透。

步骤5：装盘享用

★将烤好的生蚝小心取出，放置在盘中。

★可以撒上一些切碎的葱花、香菜或辣椒增添风味。

★也可搭配柠檬片，挤上柠檬汁增加鲜味。

5 炸生蚝

【用料】：

新鲜牡蛎肉、面粉、玉米淀粉、鸡蛋、盐、黑胡椒粉、泡打粉（可选）、油（用于炸制）。

【制法】：

步骤1： 清洗蚝肉

★蚝肉清洗干净，去除杂质。

步骤2： 调制面糊

★按面粉和玉米淀粉1:1调面糊，加入适量的盐和黑胡椒粉调味。

★加入一个鸡蛋，搅拌成均匀的糊状。

★如喜欢更蓬松的口感，可适量加入泡打粉。

★可根据需要加入少量水或牛奶调整面糊的稠度至适当流动性。

步骤3： 生蚝裹面糊

★将蚝肉滚上一层干面粉，使其表面干燥，有助于面糊附着。

★将裹粉后的生蚝均匀地裹上一层面糊。

步骤4： 炸制

★在锅中倒入足够多的油，加热至约180℃。可用一小块面糊投入油中试温，如果立即冒泡并浮起则温度适宜。

★将裹好面糊的生蚝逐个放入热油中，注意不要放太多，避免降低油温和相互粘连。

★炸至金黄酥脆，用漏勺捞出，沥干油分。

步骤5： 出锅装盘

★将炸好的生蚝放在吸油纸上稍作沥油，然后摆放在盘中。

★可以搭配孜然粉、甜辣酱、柠檬片或其他喜欢的调味品一起食用。

6 生蚝味噌汤

【用料】：

　　新鲜牡蛎肉、味噌酱、昆布高汤或清水、豆腐、菇类（如香菇或金针菇）、葱、大蒜、白菜、胡萝卜、白萝卜、茼蒿等。

【制法】：

　步骤1：准备食材

　　★蚝肉清洗干净，去除杂质。

　　★豆腐切块，蘑菇去根，白菜、茼蒿洗净，胡萝卜、白萝卜等洗净切片。

　步骤2：制作高汤

　　★提前将昆布浸泡在温水中，然后缓慢加热至接近沸腾，取出昆布，汤汁备用。

　　★也可以直接用清水作为汤底。

　步骤3：制作汤底

　　★在锅中加入高汤，加入葱段、蒜片，加热至沸腾。

　　★根据个人口味加入适量的味噌酱，搅拌均匀直至完全溶解，保持在微沸状态。

　步骤4：组合食材

　　★将准备好的生蚝和其他食材入锅。

　　★生蚝通常很快就能煮熟，可以最后放，以免肉质变得过于紧缩。

　步骤6：出锅享用

　　★煮熟后的食材即可食用，可搭配蘸料如酱油、芥末等增加风味。

牡蛎有哪些吃法？

7 生腌生蚝

【用料】：

新鲜牡蛎肉、白糖、大蒜、生姜、生抽（酱油）、辣椒。

【制法】：

步骤 1： 生蚝挑选与准备

★选择新鲜活生蚝，保证食材的新鲜度。

★将生蚝彻底清洗干净，去除杂质。

★小心地打开生蚝壳，取出生蚝肉。

步骤 2： 腌制料准备

★大蒜和生姜剥皮后切成细蓉。

★根据口味将适量的白糖、切好的蒜蓉、姜蓉、生抽以及切碎的辣椒混合均匀，
制成腌料。

步骤 3： 腌制生蚝

★将洗净的生蚝肉放入腌料中，静置于冰箱中腌制 4 h 左右，让生蚝充分吸
收酱汁的味道。

步骤 4： 装盘享用

★生蚝腌制好后，取出放置于盘中，可以撒上少许葱花或香菜增加色彩和香气。

★此时生蚝已汁多饱满、鲜嫩肥美，即刻享用。

小贴士

生腌生蚝是潮汕地区非常特别的传统美食，被誉为"潮汕毒药"，以其鲜美的口感和独特的腌制风味深受人们喜爱。

但是，由于生腌生蚝为生食，确保使用的生蚝新鲜且来自清洁水域非常重要，以避免食物安全问题。此外，孕妇和免疫力较弱的人群应避免食用生或半生的海产品。

8 蚝豉发菜

【用料】：

蚝豉（蛎干）、发菜、姜片、葱段、料酒、盐、酱油、糖、胡椒粉、鸡汤或清水、蚝油（可选）。

【制法】：

步骤 1： 准备食材

★ 将蚝豉提前用清水泡发，去除杂质，泡至软化。

★ 发菜也需要提前用水泡发，清除沙粒，洗净备用。

步骤 2： 制作底汤

★ 锅中加入适量清水或鸡汤，放入姜片、葱段和料酒，大火煮沸。

步骤 3： 加入食材

★ 将泡发好的蚝豉和发菜加入汤中，小火炖煮，使食材充分吸收汤汁的味道。

★ 根据个人口味调入适量的盐、酱油、糖和胡椒粉进行调味。

步骤 4： 焖煮入味

★ 盖上锅盖，继续小火焖煮 10 ～ 15min，让各种食材的味道融合在一起。

★ 如需要，可加入适量的蚝油增加鲜味。

步骤 5： 出锅装盘

★ 煮好后，调整最终味道，确保各食材均已入味且软熟适口。

★ 关火，撇去表面的浮油，装盘享用。

小贴士

蚝豉发菜（谐音是"好市发财"）是广东和香港地区一道传统的古辞菜肴。"蚝豉"的粤语发音与"好市"谐音，发菜寓意"发财"，这道菜不仅味道鲜美，还象征着生意兴隆、财源广进。

发菜为珍贵食材，需要提前泡发并仔细清洗。蚝豉的泡发时间较长，需提前准备。此菜可根据个人口味调整食材比例，以达到最佳风味。

主要参考文献

曹敏杰，丁希月，许玲玲，等，2021. 牡蛎壳资源利用研究进展 [J]. 集美大学学报（自然科学版），26（5）：390-397.

常亚青，2007. 贝类增养殖学 [M]. 北京：中国农业出版社.

翟毓秀，郭萌萌，江艳华，等，2020. 贝类产品质量安全风险分析 [J]. 中国渔业质量与标准，10（4）：25.

方玲，马海霞，李来好，等，2018. 华南地区近江牡蛎营养成分分析及评价 [J]. 食品工业科技，39（2）：301-307.

贺帅，吴赞斌，董浩，等，2014. 牡蛎黄酒的研制及其功能性成分和抗氧化活性的研究 [J]. 工业微生物，44（5）：42-46.

黄艳球，杨发明，秦小明，等，2019. 不同养殖区香港牡蛎的化学组成及特征气味成分分析 [J]. 食品科学，40（14）：236-242.

李孝绪，齐钟彦，1994. 中国牡蛎的比较解剖学及系统分类和演化的研究 [J]. 海洋科学集刊（1）：143-178.

李旭东，彭吉星，吴海燕，等，2022. 牡蛎中营养、呈味及功能成分研究进展 [J]. 水产科学，41（4）：682-694.

林海生，秦小明，章超桦，等，2019. 中国沿海主要牡蛎养殖品种的营养品质和风味特征比较分析 [J]. 南方水产科学，15（2）：110-120.

刘良伟，任杰，侯俊财，等，2023. 牡蛎多糖结构特征、理化特性及抗氧化活性研究 [J]. 食品与发酵工业，49（6）：57-63.

罗丽俐，林恒宗，梁志源，等，2023. 冷休眠结合薄膜包裹对太平洋牡蛎生态冰温保活期品质及代谢的影响 [J]. 食品工业科技，44（3）：372-380.

罗艳，黄权新，蔡捷，2022. 牡蛎酶解产物的种类、生物活性及应用研究进展 [J]. 中国食物与营养，28（11）：49-53.

毛相朝，林洪，王林，等，2012. 一种牡蛎黄酒. CN102660436A. X[P].2012-09-12.

毛相朝，孙建安，2021. 一种功能性牡蛎啤酒的制备方法. CN111548873B. X[P]. 2021-06-15.

秦华伟，陈爱华，刘慧慧，等，2015. 乳山海域养殖太平洋牡蛎中营养成分及重金属含量分析及评价 [J]. 中国渔业质量与标准，5（6）：64-70.

邱天龙，陈文超，祁剑飞，等，2021. 贝类净化技术研究现状与展望 [J]. 海洋科学，45（3）：134-142.

阙华勇，刘晓，王海艳，等，2003. 中国近海牡蛎系统分类研究的现状和对策 [J]. 动物学杂志，38（4）：110-114.

王海艳，等，2016. 中国北部湾潮间带现生贝类图鉴 [M]. 北京：科学出版社.

王如才，王昭萍，2008. 海水贝类增养殖学 [M]. 青岛：中国海洋大学出版社.

王赛时，2007. 中国古代海产贝类的开发与利用 [J]. 古今农业（2）：22-33.

闫丽新，殷中专，蔡琰，等，2022. 牡蛎捕后贮运过程中的活力和呈味特性 [J]. 中国食品学报，22（12）：224-233.

张国范,李莉,阙华勇,等,2020. 中国牡蛎产业的嬗变——新认知、新品种和新产品 [J]. 海洋与湖沼，51（4）：740-749.

张素萍，等，2016. 黄渤海软体动物图志 [M]. 北京：科学出版社.

张素萍，2008. 中国海洋贝类图鉴 [M]. 北京：海洋出版社.

章超桦，2022. 牡蛎营养特性及功能活性研究进展 [J]. 大连海洋大学学报，37（5）：719-731.

赵强，魏祥玲，孙建安，等，2021. 牡蛎资源的综合开发利用研究进展 [J]. 中国食品添加剂，32（7）：150-159.

邹琰，张天文，刘广斌，等，2020. 太平洋牡蛎人工育苗技术 [J]. 科学养鱼（10）：62.

Chen D W, Su J, Liu X L, et al., 2012.Amino acid profiles of bivalve mollusks from Beibu Gulf, China[J]. Journal of Aquatic Food Product Technology, 21(4): 369-379.

Guo X M, Li C, Wang H Y et al., 2018. Diversity and evolution of living oysters[J]. Journal of Shellfish Research, 37(4): 755-771.

Hu L S, Wang H Y, Zhang Z et al., 2019.Classification of small flat oysters of Ostrea stentina species complex and a new species Ostrea neostentina sp. nov. (Bivalvia: Ostreidae)[J]. Journal of Shellfish Research, 38(2): 295-308.

Ma Yuyang, Jiang Suisui, Zeng Mingyong, 2021.In vitro simulated digestion and fermentation characteristics of polysaccharide from oyster (*Crassostrea gigas*), and its effects on the gut microbiota[J]. Food Research International, 149: 110646.

Ulagesan Selvakumari, Krishnan Sathish, Nam Taek Jeong, et al., 2022. A Review of Bioactive Compounds in Oyster Shell and Tissues[J]. Frontiers in Bioengineering and Biotechnology, 10: 913839.

Yang M, Zhao F, Tong L H, et al., 2021.Contamination, bioaccumulation mechanism, detection, and control of human norovirus in bivalve shellfish: A review[J]. Critical Reviews in Food Science and Nutrition, 62(32): 8972-8985.

Younger A D A, Neish D I, Walker K L, et al., 2021.Strategies to reduce norovirus (NoV) contamination from oysters under depuration conditions[J]. Food and Chemical Toxicology, 143: 111509.

Zhilan Peng, Beibei Chen, Qinsheng Zheng, et al., 2020.Ameliorative Effects of Peptides from the Oyster (*Crassostrea hongkongensis*) Protein Hydrolysates against UVB-Induced Skin Photodamage in Mice[J]. Marine Drugs, 18(6): 288.

附 录

我国养殖较多的牡蛎品种
有哪些？

什么时间吃牡蛎口味最佳？

消费者如何选牡蛎？

如何获得三倍体牡蛎？

多倍体牡蛎吃起来安全吗？

我国近些年牡蛎养殖情况
怎么样？

牡蛎的主要养殖方式有哪些？

牡蛎是如何收获的？

牡蛎有哪些吃法？

附录2　海盛和蓝色海洋科技（青岛）有限公司

▌公司简介

　　海盛和蓝色海洋科技（青岛）有限公司，拥有"海盛和""倾海之宴"两个知名品牌，集海产品研发、加工生产、销售服务于一体，总部位于青岛市。青岛地处黄海之滨，拥有丰富的海洋生物资源，这里被誉为"东方瑞士"，不仅是海产品胜地，也是世界海鲜的港口。

　　海盛和产品的原料产地远离陆地，地处黄海深部，是全球公认的最适宜海洋生物生长的地带。原料纯净无污染、营养价值高、富含功效成分。公司与中国水产科学研究院黄海水产研究所等科研机构深度合作，在产品营养功效研究、加工技术与产品研发以及质量标准等方面取得系列开拓性成果，有效支撑了品牌建设。

- 获得【中国有机产品】认证
- 通过中国渔业协会"中华好海参"认证
- 获得国家级"国家合格评定质量达标放心产品"
- 青岛十佳水产加工品牌
- 第十届中国国际农产品交易会金奖

▌联系我们

地　址：山东省青岛市崂山区国际创新园G座
热线电话：400-867-3577
邮　箱：admin@hshhs.com.cn
服务时间：周一至周日 09:00-17:30

展会风采

附录3 蓬莱汇洋食品有限公司

▌公司简介

　　蓬莱汇洋食品有限公司成立于2001年10月，位于美丽的仙境蓬莱。公司隶属的山东汇洋集团是集远洋捕捞、食品精深加工、船舶制造与维修于一体的海洋全产业链企业。

　　母公司蓬莱京鲁渔业有限公司成立于1990年6月，是农业产业化国家重点龙头企业。公司自有远洋捕捞船队常年在太平洋、西南大西洋海域进行秋刀鱼、金枪鱼、鱿鱼捕捞，其中秋刀鱼捕捞量连续多年居中国大陆地区首位。

　　汇洋食品是高新技术企业、首批国际贸易高质量发展基地。公司占地24万㎡，拥有现代化食品加工车间十余座，年加工能力6万多吨，冷库库容24万㎥，拥有公共型保税仓库。产品主要涉及速冻水产制品、速冻调制食品、速冻面米制品、水产品罐头、预制菜肴系列等多个品类数百个品种。

　　公司建立完善的食品安全管理体系，已通过了ISO9001、HACCP、BRC、IFS、MSC、ASC、ISO14001、ISO45001等多个体系认证，获得欧盟、韩国、俄罗斯等地水产加工厂注册。公司检测中心设备设施完备，2008年通过CNAS实验室认可。目前公司产品畅销国内30多个省市及出口日本、韩国、欧美、东南亚等十多个国家，与多家大型快餐连锁企业和国外知名水产企业建立长期稳定合作。

　　汇洋集团子公司蓬莱中柏京鲁船业有限公司成立于2006年，是以船舶制造及维修为主营业务的现代化企业。其自主研发建造的77m秋刀鱼兼鱿鱼钓船各项指标均达到国际先进水平，为集团远洋捕捞提供有力保障。

　　诚信、敬业、挑战、创新是我们的精神，勤、俭、敬、信是我们的准则。在不断进取探索深蓝海洋的征程上，我们感恩自然的馈赠，未来也将持续关注绿色加工、节能环保和社会公益事业，用可持续发展理念为消费者提供安全健康的海洋食品及美味营养安心的饮食解决方案，与大家一起共同创造更加美好的生活。

▌联系我们

山东汇洋集团
Shandong Huiyang Group
蓬莱汇洋食品有限公司
Penglai Huiyang Foodstuff Co., Ltd.

地址：山东省烟台市蓬莱区新港街道仙境东路302号
电话：0535-5973310，5605620
邮箱：jingluyuye@vip.163.com
网址：www.huiyanggroup.com

附录 4　蓝鲲海洋生物科技（烟台）有限公司

蓝鲲海洋生物科技（烟台）有限公司是一家专注于海洋生物肽研发、生产和应用的高新技术企业，位于中国科学院烟台产业技术创新与育成中心产业园内。公司是"海洋生物资源利用和质量安全控制山东省工程研究中心"建设单位，与中国水产科学研究院黄海水产研究所、中国海洋大学、中国科学院烟台海岸带研究所等国家级科研机构和高校建立长期合作关系，合作开展海洋生物功效因子筛选、功能验证和规模化制备技术开发，在牡蛎肽、海参肽、金枪鱼肽等活性因子方面获得多项国家发明专利。

公司主要产品包括牡蛎肽、海参肽、金枪鱼低聚肽、鱼胶原蛋白肽、鱼骨肽、鱼软骨肽、磷虾肽、鱼精水解蛋白粉、鱼子水解蛋白粉等多品类海洋生物肽产品，其中含海参黏多糖的海参肽、含 DHMBA 的牡蛎肽、含鹅肌肽的金枪鱼低聚肽等产品受到行业广泛关注。

公司拥有先进的生产线和十万级的 GMP 洁净车间，获得清真认证和 ISO22000 质量体系认证；公司建立了海洋活性肽研发中心，运用现代化科研仪器和主流技术手段，监测产品质量，保证成品的安全性、稳定性和有效性。

公司不仅能为客户提供优质的海洋肽粉原料，也对外开展从原料筛选到肽粉提取以及成品应用等一条龙技术整体输出服务，为客户量身定做产品，提供 OEM、ODM 服务；同时公司拥有一支高素质研发团队，公司成员本科及以上学历者占 80% 以上，能为客户提供产品市场分析、立项策划、产品配方设计、生产技术指导等服务。

蓝鲲生物秉承"科技创造价值，服务提升优势；品质至上，服务至优"的发展理念，坚持"企业善待员工，员工心系企业，员工和企业共同成长"的文化理念，提倡"真诚、团结、务实、创新"的企业文化，坚持不懈地为广大客户提供优质的产品与专业的服务。蓝鲲生物竭诚欢迎国内外朋友莅临指导，携手合作！

附录5　长青（中国）日用品有限公司

　　长青（中国）日用品有限公司成立于2003年，是由CNI国际集团投资建设的一家外商独资企业，是CNI国际集团的海外基地之一，占地30 000多平方米，注册资金1 500万美元。下设青岛马克健康产业有限公司子公司及多家分公司。主要产品包括预包装食品、保健食品、化妆品、洗涤用品等。2013年12月获得中华人民共和国商务部颁发的直销经营许可证。

　　公司坐落在风景秀丽的青岛西海岸新区，长青中国延续了CNI对于产品和生产的严格要求和卓越品质。生产厂房完全按照GMP要求建造，现代化的生产车间，先进的生产设备，为产品的质量保驾护航。我们的产品，从源头把关，选用优质的原材料，先进的生产设备，精密的检测仪器，构建了一道坚固的防线，保证品质优良，安全健康。

　　产品是企业的生命，CNI创立以来高度重视科研与开发，CNI在中国、马来西亚、印度尼西亚等地建立了研发中心，并与当地的大学、外部研究中心开展合作，进行基础性研究和项目合作，提升CNI研发能力，增强产品的创新能力。CNI重视知识产权，设立专业的CNI IPHC知识产权管理机构，统筹各地知识产权管理，目前已获得上百个专利及多个国家商标注册。

　　设立在中国的研发中心一直围绕蜂产品、保健食品、咖啡产品进行不断研发和改进，已获得多款保健食品批文，研发产品包括蜂产品、咖啡产品及其他营养食品等上百种。长青中国与中国水产科学研究院黄海水产研究所成立蓝色海洋功能食品联合研发中心，共同开发海洋功能性食品。同时，长青中国在公司设立中国海洋大学食品科学与工程学院研究生联合培养基地，开展科研合作，为公司研发工作培养优秀人才，增强公司科研实力。

CNI 长青中国

长青中国将"自然、健康"作为产品的根本，以"清、调、补、防"作为营养保健食品的基调，以环保、安全作为日化产品的宗旨，始终如一，保持品质。为顾客创造一个平衡的"身、心、灵"全面健康生活方式。

倾歆之蓝

海参肽粉

蜂胶软胶囊

岩藻多糖
复合益生菌

蜂王浆
维生素C片

净体素
高纤谷物粉

人参银咖啡

姜黄葛根
耐力片

人参金咖啡

附录 6　山东灯塔水母海洋科技有限公司

附录 7　乳山市鼎呈鲜海产品加工有限公司

公司简介

金鼎海洋事业版块旗下乳山市鼎呈鲜海产品加工有限公司成立于 2021 年 10 月，设立于具有〝中国牡蛎之乡〞称誉的山东省乳山市，目前由 [海域选取]-[生鲜养殖]-[净化加工]-[包装运输]-[产品销售] 多模块组成全产业链。

公司以国家地理标志农产品〝乳山牡蛎〞为核心经营产品，依托乳山当地海洋资源，建设当地 TOP 级产业规模，推动区域产业高质量发展，以食材安全和品质为核心，同时以科技赋能，为乳山乡村产业振兴做出贡献。

为了完善食品安全管理体系，公司着重从养殖、加工、产品三大流转环节把控产品质量安全。并对应开展了原料养殖端 ASC 认证、生产加工端 HACCP 认证、制成产品端 BRCGS 认证。为了满足管理体系对质量结果的及时性要求，公司建设了自主产品检测实验室，并与乳山市牡蛎协会成立联合检测实验室。以联合实验室为载体，采用第三方权威机构随机抽样和常设化验人员定期抽样的控制模式，完善对全链条产品质量的把控。

联系我们

地　　址：山东省乳山市南泓牡蛎融合发展示范区（核心区）888 号
热线电话：400-089-0088
网　　址：www.tebeixian.com

＊亩为非法定计量单位，1 亩 =1/15hm^2。

活动风采

鼎呈鲜受水产养殖管理委员会(英文缩写ASC)邀请,参加ASC可持续海鲜推介专场活动,中国水产流通与加工协会崔和会长为公司授予ASC荣誉推荐单位认证

鼎呈鲜企业代表参加"乳山牡蛎文化节",受颁"乳山牡蛎品牌战略合作"牌匾

鼎呈鲜代表乳山牡蛎参加"第33届香港美食博览会",山东省农业农村厅一级巡视员、新闻发言人林国华及海洋发展部门同志推介乳山牡蛎

鼎呈鲜作为乳山牡蛎代表企业参加"湖北武汉良之隆·2023第十一届中国食材电商节",山东省农业农村厅总农艺师郭鹏、中国水产流通与加工协会会长崔和及各级海洋发展部门同志推介乳山牡蛎

鼎呈鲜代表乳山牡蛎参加"好品山东"农产品走进大湾区推介会

鼎呈鲜与中央电视台达成全媒体战略合作签约仪式

鼎呈鲜作为乳山牡蛎龙头企业参加"好品山东地理标志产品推介活动"

鼎呈鲜受邀参加2023中国农业品牌创新发展大会

鼎呈鲜受邀参与中国—葡语国家经贸合作论坛招待晚宴活动

鼎呈鲜作为"2023山东省海洋科普讲解大赛"唯一民营单位入围参赛

附录 8　山东烟台贝之源生物科技有限公司

　　烟台贝之源生物科技有限公司位于山东省莱州市,致力于微藻类、轮虫类、枝角类培育,以及贝类繁育、保苗、养成、育肥等业务。公司与中国水产科学研究院黄海水产研究所、烟台大学、鲁东大学等科研院所和高校建立了紧密的合作关系,建有教学实践基地和产业化推广基地。近年来,公司在专家指导下攻克多项产业技术难关,创新微藻、浮游动物培育和贝类养殖等生产技术工艺, 研发出多个新产品。

　　目前,公司拥有微藻工厂化保种车间 300m²,露天培育池 1.6 万 m²;浮游动物培养车间 150m²;贝类育苗车间 1 300m²、贝类保苗池塘 8hm²。通过联合研发和技术熟化,公司生产的高质量浓缩小球藻、硅藻等多种单细胞藻,高 DHA、EPA 含量的轮虫和枝角类等生物饵料,可广泛应用于贝类育苗保苗、牡蛎育肥、鱼类育苗、养殖肥水稳水等生产过程。同时,公司还研发出具有悬浮性好、不污染水质、育肥速度快等优势的牡蛎育肥专用饵料,已成功应用在牡蛎室内高密度育肥、池塘暂养、养殖等阶段,高效解决了近年来海区牡蛎肥度不够等产业问题。

　　依托科研院所技术力量,公司还开展高质牡蛎、扇贝、绿鳍马面鲀、石斑鱼等重要海水养殖生物的品种改良、苗种生产以及新产品推广等业务,产品实现全国范围内供应。

山东烟台贝之源生物科技有限公司
地址: 山东省烟台莱州市金仓街道仓上村
电话: 15165743244